超有型！

城市悠遊
行動後背包

CONTENTS

目錄

胖咪手作

Kanmie 手作

BAG
DESIGNERS

吳珮琳
胖咪

張芫珍
Kanmie

　　後背包是很方便的包款，不管要把多少東西帶出門，只要塞進去，帥氣地往後一背，輕輕鬆鬆，還能空出雙手做事，所以一向是全家大小都愛用的包款。至於設計上的不易之處，是要比一般包包多加考慮到背法的平衡，才能背得有型不落漆。而在顧及包型的大小與平衡之際，更嘗試融入多種背法，讓後背包也能有肩背、斜背、或手提的功能，展現更豐富的層次感。

　　能完成這一群後背包寶寶真的很有成就感，很開心能有這個機會，與好友Kanmie（凱咪）合著了這本書，合作的過程互相學習、彼此分享、鼓勵，非常難得，我很開心與珍惜。也感謝促成這本書誕生的各位！把這本書獻給熱愛手作的朋友，希望在大家享受手作生活的同時，這本書也能參與其中，做點貢獻。而有大家的支持，我們也會更加油、更進步，不斷分享手作樂趣！謝謝大家！／胖咪

　　不管是小旅行、爬山、逛街、散散步等等，不同的場合，根據需求揹著專屬後背包。從草圖到挑選布料，打版製作，一直到完成作品，整個包的製作過程充滿驚喜與樂趣，腦海裡無時無刻都在想著有關包包的製作。當作品完成時，是喜悅的，是幸福的。

　　喜歡自己正在做的事，做自己喜歡做的事。不知不覺手作已經融入我生活的一部份，不可或缺，謝謝家人的支持與體諒。為家人，為朋友親手製作一個包，是幸福的，是快樂的。同一個包款，嘗試著不同的配色與布料，也能創造出獨特的風格。希望此書可以帶給讀者不同的手作靈感與收穫。／Kanmie

胖咪手作系列

從 P6 頁開始～

Kanmie 手作系列

從 P81 頁開始～

多點巧思，
一種包款可以有不同的風格，
女孩背清新，男孩背有型，
走！我們一同出遊去！

 完成尺寸：長 30 × 寬 16 × 高 30cm

香草集
摺蓋包

優雅的包款及背帶造型
絕對不會撞包喔！

◤裁布表◢

（數字尺寸已含縫份；紙型未含縫份，需另加縫份。縫份：未註明 =1cm。）

部位名稱	尺寸（cm）		數量	燙襯	備註
	表袋身				
前袋身	依紙型 A(要畫出弧型口袋輪廓，並依口袋輪廓畫出縫份)		1	輕挺襯	袋口縫份不燙襯
表後袋身	依紙型 A(不用畫出弧型口袋)		1	輕挺襯	
表袋蓋	依紙型 A1		2	輕挺襯	縫份不燙襯
造型口袋	依紙型 B	表 2	輕挺襯	縫份不燙襯
		裡 2	輕挺襯	縫份不燙襯
口袋	①↔22cm×↕40cm		1	輕挺襯	
袋底	依紙型 D		1		X 皮革免燙
	裡袋身				
前、後袋身	依紙型 A(不用畫出弧型口袋)		2	輕挺襯	
裡袋蓋	依紙型 A1		2	輕挺襯	縫份不燙襯
口袋	①↔22cm×↕40cm		2	薄襯	
水壺袋布	②↔30cm×↕38cm		1	輕挺襯	縫份不燙襯
絆扣布	依紙型 C		4	硬襯	縫份不燙襯
袋底	依紙型 D		1	厚襯	

◤其它材料◢

★ 2cm 皮條：110cm×2 條。
★ 20cm 長皮扣 ×1 組。
★ 寬 2cm 棉織帶：15cm×3 條。
★ 2cm 日型環 ×2 個、2cm 口型環 ×2 個、內徑 3.8cm 圓型環 ×1 個。
★ 磁扣 ×1 組。　★ 鉚釘 × 數組。
★ 皮尾束夾 ×4 個。

※ 由於皮條較厚，所以日型環要挑同尺寸裡較大的較好用哦（請看配件圖2的大小對照）。

配件圖 1　　　　配件圖 2

◤裁布示意圖◢（單位：cm）

香草集棉麻布（幅寬 110cm×46cm）

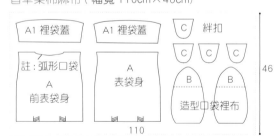

原色棉麻布（幅寬 110cm×26cm）

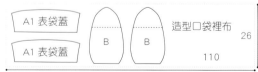

草寫文字薄棉布（幅寬 112cm×40cm）

22	22	22	30	
40 ①	①	①	② 38	40

110

復古紫格子棉麻布（幅寬 112cm×44cm）

皮革布（18cm×24cm）

製作表前袋身

前表袋身（反）

前表袋身（正）

❶ 製作弧形口袋。裁一片口袋布①，置於前袋身中央，並與之正面相對。只需車縫弧型處，車好後剪鋸齒狀。

❷ 翻回正面，壓線固定。（下針時，請車於縫份外一點，有利翻正喔！）

❸ 口袋布往上摺，與袋身布平齊。將二側口袋布縫合。

袋蓋布 A1

製作表後袋身

4cm

❹ 袋身布與袋蓋布 A1 正面相對車縫。

❺ 縫份倒向袋蓋布，由正面壓線固定。袋角用三角形回針車縫，加強耐度。

❻ 15cm 織帶 2 條穿入口環後內摺 5cm，如圖平行車於袋身二側。

5cm

製作造型口袋

返口

❼ 15cm 織帶 1 條穿入圓型環後對摺，如圖距置中車縫於袋身上緣。

❽ 同步驟 3 車合袋身布與袋蓋布。並將圓型環織帶四周加強車縫固定。

❾ 將造型口袋 B 表、裡布正面相對，除返口處其餘縫合。縫份剪鋸齒狀，翻回正面壓線固定。共完成二個口袋。

❿ 依袋身紙型先畫出二側口袋的位置，再把二個口袋的各半邊，先車於後袋身的左右二側。袋角用三角回針車固定！

⓫ 再將其中一側口袋的另外半邊，車於前袋身。

⓬ 前、後袋身正面相對，縫份車合起來。注意勿車到造型口袋。

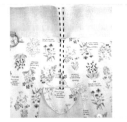

⓭ 縫份燙開，由正面壓固定線。口袋下緣則疏縫固定。在此完成了一個口袋的固定。

⓮ 將另一側口袋的另外半邊也同樣車於前袋身，此時可倒著車固定線，會比較順，接著同步驟12、13完成第二個口袋固定。

組合表袋身

⓯ 依打摺記號，將袋身褶份疏縫起來。

⓰ 袋身與袋底正面相對車合。車合時袋身立起，並於縫份剪牙口，換上單邊壓布腳則可順利車縫。圓弧剪鋸齒狀後翻正即可。

製作裡袋身

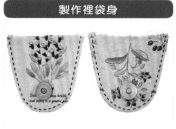

⓱ 絆扣布 C4 片，兩兩相對車縫 U 型，剪鋸齒狀後，翻正壓線並安裝磁釦。

⓲ 絆扣布置中車於袋蓋（有磁釦那面與袋蓋正面相對）。

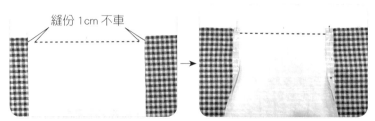

⓳ 口袋布①與袋身 A 正面相對對準中心點，避開縫份車縫一道固定，再將縫份內摺先用珠針固定。

⓴ 袋身布與袋蓋布 A1 正面相對，避開口袋布位置、車縫二側。再將口袋布①由洞口拉出。

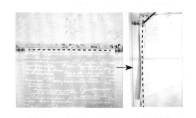

㉑ 縫份整燙後，避開口袋布二側縫份，在上緣壓線固定。接著將口袋布往上摺對齊袋蓋縫份。將口袋布二側縫合。

㉒ 翻至正面，如圖壓線固定。同步驟完成二片裡袋身。

製作裡袋身夾層

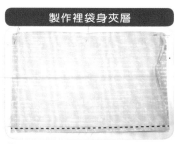

㉓ 水壺袋布②上下對摺，車縫下緣縫份。翻正後，在上下車壓固定線。

㉔ 左右對摺後,如圖距放好並疏縫起來。

組合裡袋身

㉕ 前後袋身正面相對,車縫一側縫份。

㉖ 縫份倒向任一邊,車壓固定線。同法,車好袋身另一側縫份。並壓線固定。

㉗ 組合裡袋身與袋底,同 15～16 步驟,將裡袋身摺份先疏縫,再和袋底車合。

組合表裡袋身

㉘ 在表、裡袋口,剪幾道淺牙口後,將縫份燙摺。

㉙ 裡袋身放入表袋身中,袋口對齊。車縫袋口一圈固定後,再車壓一圈裝飾固定線。袋身完成。

㉚ 製作背帶,110cm 皮條穿入日型環再穿入袋身的口型環,再返回穿入日型環,皮條尾用束夾夾壓好,再用鉚釘固定起來。

㉛ 皮條另一端,穿入圓環,用束夾夾壓好,鉚釘固定起來。另一皮條做法相同。

㉜ 在袋蓋中央釘上長皮扣(磁釦公釦)。

㉝ 相對應位置,縫上磁釦母釦,完成。

哈欠貓
三用包

時尚的黑白設計，
最能成為出門的穿搭單品。
側背顯得成熟，
斜背顯得俏皮，
後背顯得悠閒，
任何時刻都能完美呈現。

 完成尺寸：長 32 × 寬 9 × 高 32cm

◀裁布表▶
（數字尺寸已含縫份；紙型未含縫份，需另加縫份。縫份：未註明 =1cm。）

部位名稱	尺寸（cm）	數量	備註
表袋身			
前後袋身	依紙型 A	2	厚襯
拉鍊袋蓋	①↔17cm×↕5cm	1	輕挺襯↔16cm×↕3cm
拉鍊口袋	②↔20cm×↕40cm	1	
袋底	依紙型 B	1	免燙
包繩條	③ 3cm×105cm	1	
裡袋身			
前後袋身貼邊	依紙型 A1	2	
前後袋身	依紙型 A2	2	
拉鍊口袋	④↔23cm×↕50cm	2	
袋底	依紙型 B	1	

◀其它材料▶

★ 橢圓型轉鎖 2×4.5cm×1 個。

★ 5V 拉鍊（布寬 3cm 之拉鍊）：18cm×2 條、15cm×1 條。

★ 寬 3cm 棉織帶：46cm×2 條、110cm×2 條。

★ 3cm 日型環 ×2 個、3cm 口型環 ×2 個、
　內徑 3.8cm 圓型環 ×2 個。

★ 直徑 0.3cm 塑膠條 105cm。

◀裁布示意圖▶（單位：cm）

哈欠貓棉麻布（幅寬 110cm×40cm）
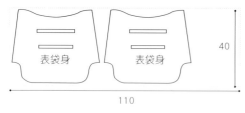

灰色尼龍防水布（幅寬 150cm×55cm）

千鳥格棉麻布（幅寬 110cm×13cm）

黑色皮布

製作有蓋一字拉鍊口袋

❶ 拉鍊袋蓋布①對摺，車縫二側 0.5cm 縫份後，將直角處縫份如圖修剪掉，由返口翻回，車壓固定線。

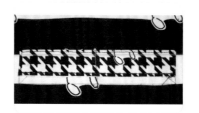

❷ 在後袋身 A 畫上拉鍊框，拉鍊袋蓋置於拉鍊框中央（原返口在下），做疏縫固定。

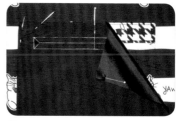

❸ 在相對位置放上拉鍊口袋布②與袋身正面相對。

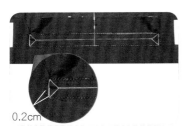

④ 車縫拉鍊框。左右要多車出 0.2cm，這樣袋蓋比較容易翻出。

⑤ 依線剪出框口。再將整片布翻進框口內。並將袋蓋多餘的縫份剪剩約 0.3cm 即可，可使上方拉鍊框不致過厚。

⑥ 確實將拉鍊框邊的布整理好。

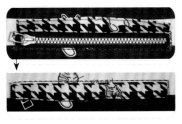

⑦ 15cm 拉鍊固定拉鍊框內，依箭頭方向車合。續將袋蓋翻下，最後再車壓上緣處。

⑧ 將口袋布向上摺，三邊車縫起來。注意：只車口袋布，不要車到袋身。口袋完成。

組合表袋身

⑨ 依袋打摺記號，車縫褶子，並將前後袋身正面相對，先車縫一側縫份。

⑩ 將縫份倒向後袋身，車壓 0.5cm 固定線。

⑪ 另一側縫份也依相同車法車縫。

⑫ 46cm 織帶穿入圓環後，反摺 13cm 固定。完成二條。

⑬ 將織帶下端穿入口型環後，依圖示距離，將織帶車固定於袋身側邊。注意口型環與下端留有 3cm 距離，較不影響之後的車縫。

⑭ 完成袋身兩側邊的織帶固定。

⑮ 依【皮革包繩】法，運用包繩條③、塑膠繩，將袋底包邊一圈。

⓰ 找出袋底與袋身四周的置中點，正面相對確實夾好，接著用單邊壓布腳，車縫固定袋身與袋底。

⓱ 翻回正面，完成。
註 車時請袋底在下，袋身在上，立起來慢慢車，轉彎處剪牙口有利製作。

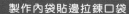

⓲ 拉鍊口袋布④與袋身正面相對、置中放好，依紙型畫上口袋框。

0.4cm

⓳ 依框線車縫好，再將圓角處的縫份剪成鋸齒狀。將口袋布翻到背面後，放上18cm拉鍊，車縫固定。

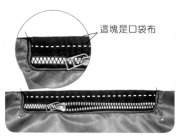

這塊是口袋布

⓴ 背面口袋向上翻摺，與袋身縫份邊緣對齊，再將口袋布與拉鍊車縫起來。

㉑ 將口袋布二側車縫起來。注意：只車口袋布，不要車到袋身。

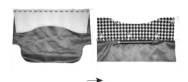

㉒ 袋身貼邊、與袋身正面相對車縫。縫份倒向貼邊，車壓0.5cm固定線。

㉓ 同方法，完成前、後袋身。

㉔ 依袋身打摺記號，將前、後袋身摺份疏縫固定。

組合裡袋身

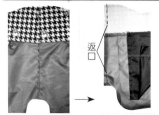

返口

㉕ 前後袋身正面相對，先車縫一側縫份。縫份倒向任一邊後，車壓0.5cm固定線。另側則是留下返口，其餘做車縫。

返口

㉖ 將縫份倒向任一邊後，除了返口，其餘車壓0.5cm固定線。

㉗ 組合袋身與袋底，同步驟16將袋身與袋底剪牙口做接合。

組合表裡袋身

㉘ 在前袋身貼邊 A1，依紙型指定位置安裝公轉鎖。裡袋身完成。

㉙ 將表袋身正對正套入裡袋身。要特別注意前後袋身的位置，轉鎖方向才會對。

㉚ 車合袋口一圈。縫份剪鋸齒狀。再由裡袋身返口翻正。沿袋口車壓一圈固定線。再縫合返口。

㉛ 利用拆線器將轉鎖框的內圈記號的布片裁掉後，鎖上轉鎖框。

㉜ 110cm 織帶穿入日型環後，再穿入袋身的口型環。再返回穿入日型環，車縫固定好織帶尾。

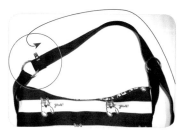

㉝ 織帶另一端，穿過 2 個圓型環後，車縫固定起來。

㉞ 另一條 110cm 織帶（以紅色做示範），同步驟 32 穿入日型環、口型環、車縫固定好織帶尾。織帶另一端穿過同側的圓型環，最後在另一側的圓型環的下方車縫固定（不用穿過圓環）。

㉟ 完成。

午茶時光休閒包

不同的背法，
包型的正面會轉向！
經過巧手的設計，
背帶不只是背帶！

側背時，
口袋正好在方便拿取的位置，
不只是造型
還是貼心思考的設計－-

 完成尺寸：長 20 × 寬 20 × 高 31cm

裁布表

（數字尺寸已含縫份；紙型未含縫份，需另加縫份。縫份：未註明 =1cm。）

部位名稱	尺寸（cm）	數量	備註
表袋身			
主袋身表布	① ↔ 66cm × ↕ 33cm	1	
造型拉鍊口袋	表：紙型 A	2	請注意左、右裁布方向
	裡：紙型 A	2	請注意左、右裁布方向
	拉鍊檔布② ↔ 4cm × ↕ 4cm	4	
內袋	③ ↔ 15cm × ↕ 30cm	2	
袋蓋	表：紙型 B	2	
	裡：紙型 B	2	
拉鍊口布	表：④ ↔ 28cm × ↕ 4cm	2	
	裡：④ ↔ 28cm × ↕ 4cm	2	
	拉鍊檔布② ↔ 4cm × ↕ 4cm	2	
袋底	紙型 C	1	
織帶飾布	⑥ 4.5cm × 110cm	2	
裡袋身			
主袋身	① ↔ 66cm × ↕ 33cm	1	
口袋	⑤ ↔ 20cm × ↕ 40cm	2	
袋底	紙型 C	1	

其它材料

★ 5V 拉鍊：雙拉頭 40cm×2 條、35cm×1 條。
3 cm 織帶：10cm 織帶×2 條、110cm×2 條。
★皮扣×2 組、皮標×1 個。

★ 3cm 三角 D 環×2 個、日型環×2 個、
背帶鉤×2 個、口型環×1 個、背帶皮片×1 片。
★鉚釘×數組。

裁布示意圖 （單位：cm）

午茶時光圖案布 (幅寬 110×35cm)

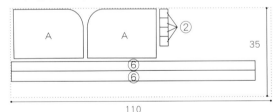

格子布 (幅寬 110×35cm)

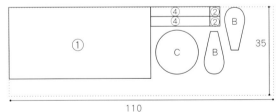

咖啡紋飾布 (幅寬 70×40cm)　仿麂皮布 (幅寬 50×30cm)　焦糖色布 (幅寬 50×30cm)

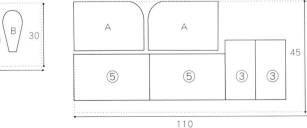

製作造型拉鍊口袋

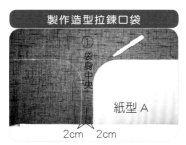

❶ 在主袋身表布①，依圖距擺好紙型 A 畫出拉鍊對齊線。需注意左、右紙型的擺法。

❷ 將內袋口袋布③對摺車合兩側，並修剪直角縫份後，翻回正面，在上緣壓一道固定線。

❸ 將內口袋布分別車於主袋身的框線內，可依喜好車分隔線，完成兩個內口袋。

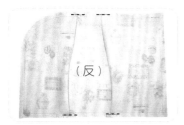

❹ 取拉鍊口袋表、裡布，依紙型上記號車好摺線。請在表布之背面畫摺合記號、裡布之正面畫摺合記號，則可使摺出的方向一致性。

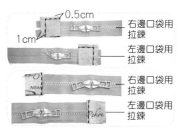

❺ 備雙頭拉鍊，取一頭車上拉鍊擋布，如圖。上方縫份只需車0.5cm。修剪直角縫份後，翻正，壓線。

❻ 取左邊口袋與拉鍊正面相對，拉鍊擋布對齊下方。拉鍊尾端如圖摺起，側邊則與布距離 0.5cm，先做疏縫。

❼ 將拉鍊表裡布正面相對夾車拉鍊。圓弧處需剪鋸齒狀，再翻回正面，壓線。

❽ 續將拉鍊另一側去對齊與主袋身布的對齊線，圓弧處可用珠針固定。圖示中出現微小波浪屬正常，不用剪芽口

❾ 依自己順手方向，車縫固定拉鍊。拉鍊的尾端記得要摺入。口袋布尾端車縫固定，其餘兩側則先疏縫。

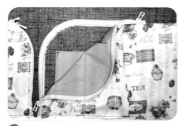

❿ 接著也用同法，完成右邊造型拉鍊口袋。

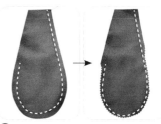

⓫ 製作袋蓋，取袋蓋的表裡布正面相對車縫，一側需留一返口，將圓弧處剪鋸齒狀。

⑫ 由返口翻回正面，將返口縫份摺入。由正面再壓縫一圈。

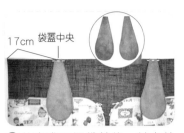

17cm 袋蓋中央

⑬ 共完成二個袋蓋後，並車於主袋身上方。

⑭ 10cm 織帶套入三角 D 環後摺入 3cm，分別車於袋身二側（口袋打摺處的旁邊）。

袋身（反）

⑮ 接著將袋身正面相對摺後，單側車合。再將縫份刮開，並壓線。

⑯ 抓出袋身與袋底四周中心點對齊，於袋身剪牙口，立起來車合。

袋底（反）

⑰ 車完後，縫份剪鋸齒狀，再翻回正面。

⑱ 取④及 40cm 拉鍊，依【拉鍊口布製作法】做出拉鍊口布。

0.5cm
②反
0.5cm
1cm
②正

⑲ 尾端則利用拉鍊擋布②夾車。上、下方縫份只需車 0.5cm。修剪縫份後再翻正、四邊壓線。

⑳ 拉鍊口布中央對齊袋蓋中央，與袋身正面相對疏縫固定。需注意，拉鍊尾端是置於後袋身（也就是袋身接合處）。

㉑ 製作織袋，將織帶飾布⑥縫份摺入後，車於 110cm 織帶上。

㉒ 將織帶頭車於前袋身中央。

製作裡袋身

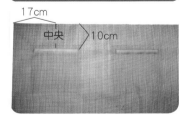

17cm
中央 >10cm

㉓ 裡袋布可依自己喜好先車好口袋。（圖為建議距離）

裡袋身（反）

返口

㉔ 續將裡袋身正面相對摺、單側邊車合，並預留大返口。

袋底

㉕ 組合裡袋身與袋底，車合後將縫份剪小。

㉖ 將表袋身套入裡袋身中，正面相對，袋口對齊車合一圈。再由裡袋身返口翻回正面後，再縫合返口。

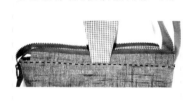

㉗ 避開袋蓋與織帶，將袋口壓線一圈。

㉘ 拉鍊尾端先用珠針固定於裡袋身（要試拉看看拉鍊順不順）；再於表後袋身尋找適合處車合拉鍊尾端固定（最好可於原有縫線上重疊車，較為美觀）。

㉙ 於後袋身安裝皮片與口型環。

㉚ 前袋身織帶用鉚釘加強固定。手縫上皮標。

㉛ 將織帶重疊、一起穿過後袋身的口型環後，2條織帶再分別穿入日型環、套入背帶鉤、再返回穿入日環，固定。

㉜ 背帶鉤鉤住D環。

㉝ 於袋蓋縫上皮扣公扣。再將袋身拉平後，正確找出皮扣母扣位置，縫上即完成。

法式風情
雙D金包

一個人的悠遊，找尋路上隨時的驚喜、
或是悸動的浪漫……
立體的法式風情雙口金包，前後左右皆能收藏，
大大小小冒險的收穫。

Bag 完成尺寸：長 29×寬 14×高 27cm

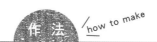

裁布表

（單位：cm）（數字尺寸已含縫份；紙型未含縫份，需另加縫份。縫份：未註明 =1CM。）

部位名稱	尺寸（cm）	數量	燙襯	備註
表袋身				
前、後袋身	依紙型 A	2	厚襯	袋口縫份不燙襯
小口金包	表：依紙型 B	2	厚襯	袋口縫份不燙襯
	裡：依紙型 B	2	薄襯	
側袋身	①↔14cm×↕77.5 cm	1	厚襯	袋口縫份不燙襯
側身口袋	②↔14cm×↕ 32cm	2	輕挺襯	縫份不燙襯
口金拉鍊布	③↔35cm×↕4cm	4	厚襯	縫份不燙襯
前袋蓋	表：依紙型 C	1	硬襯	
	裡：依紙型 C	1	輕挺襯	
後拉鍊袋蓋	表：依紙型 D	1	硬襯	
	裡：依紙型 D	1	輕挺襯	
拉鍊口袋	④↔20cm×↕40cm	1	薄襯	
裡袋身				
前、後袋身	依紙型 A	2		袋口縫份不燙襯
側袋身	①↔14cm×↕77.5 cm	1	輕挺襯，中央再貼一層↔12cm×↕20cm 硬襯	
口袋布	④↔20cm×↕40cm	2	薄襯	

其它材料

★ 20×7cm 微ㄇ支架口金 ×1 組、
15×7cm 半圓支架口金 ×1 組。
★ 3V 拉鍊：35cm×1 條、30cm×1 條、15cm×2 條。
★ 2 cm 織帶：10cm×4 條。
★ 2cm 皮條 250 cm×1 條、皮尾束夾 ×2 個。
★ 2cmD 環 ×4 個、日型環 ×2 個、3cm 口型環 ×2 個。
★皮扣 ×1 組、拉鍊皮檔片 ×2 組。
★蕾絲片 ×2 片。
★四合扣 ×1 組。
★鉚釘 × 數組。

裁布示意圖（單位：cm）

法式風情布（幅寬 110cm×50cm）

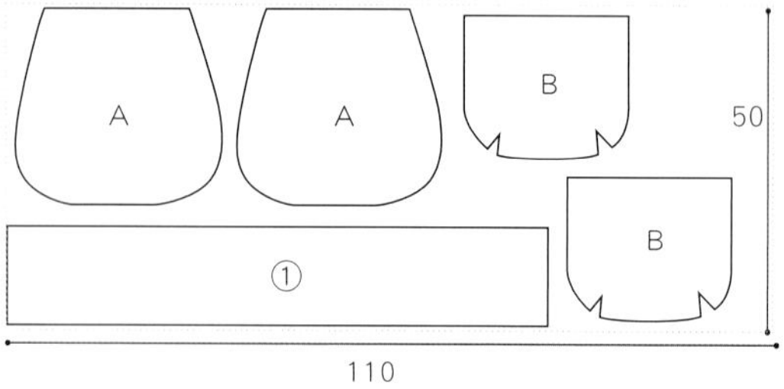

條紋布（幅寬 110cm×40cm）

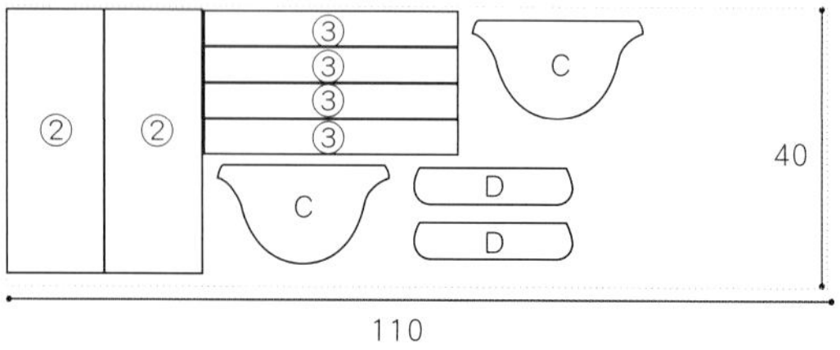

英文草寫布（幅寬 110cm×80cm）

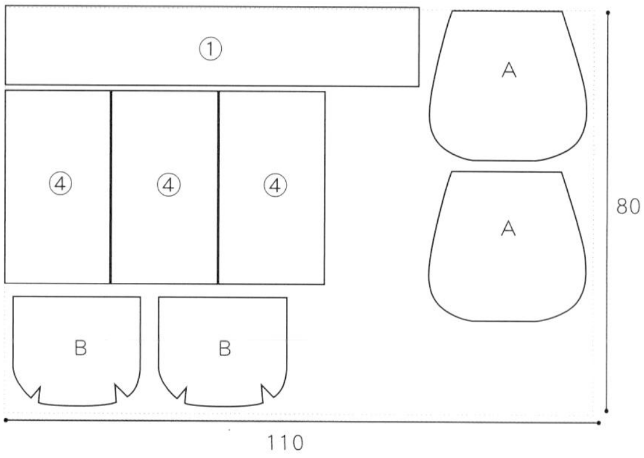

製作表前袋身

❶ 取袋身前片 A 小口金 B 表布各一片，正面相對，依紙型 B 所畫之 U 型車合 A 與 B。

❷ 將 A 袋身的表布先摺疊起來，用夾子固定，再將小口金包表、裡布 B 共 4 片之底角摺份車好。

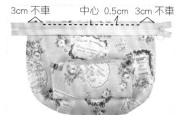

3cm 不車　中心 0.5cm 3cm 不車

❸ 30cm 拉鍊與小口金 B 表布正面相對，頭尾兩端留 3cm 不車，其餘疏縫起來。

❹ 再蓋上 B 裡布，正面相對夾車拉鍊。提醒勿車縫到預留的頭尾 3cm 處，可先往下撥好用珠針固定。

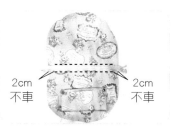

2cm 不車　　2cm 不車

❺ 翻回正面、壓線，頭尾留 2cm 不車。取剩下的 B 表裡布，以相同做法車縫另一側拉鍊。

2.5cm 不車

返口

❻ 接著將表布對表布；裡布對裡布，車縫一圈，裡袋身一側上方需留 2.5cm 不車、袋底則預留返口，其餘車合。

註1 表裡布交接處之縫份倒向表布。
註2 底角摺份要交錯車縫勿重疊。

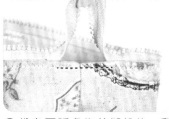

❼ 袋身圓弧處修剪縫份後、翻正。兩側縫份順好後，再將步驟 5 未壓線的地方車壓完成。並將裡袋返口車合。

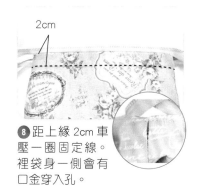

2cm

❽ 距上緣 2cm 車壓一圈固定線。裡袋身一側會有口金穿入孔。

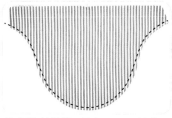

❾ 將步驟 2 的 A 袋身放開，在 U 型車線上端釘上鉚釘，固定 A 袋身與小口金包後袋身一共三片布，以加強固定）。

❿ 製作前袋蓋，依紙型 C 裁的表、裡布正面相對，車合有弧度處，修剪縫份後翻回正面，壓線。

⓫ 將袋蓋與步驟 9 的 A 袋身做車合。並將小口金包多餘的拉鍊剪掉，縫上皮擋片，完成前片袋身。

製作後袋身

⓬ 後袋身 A 先找出 15cm 的拉鍊口袋位置將拉鍊框畫好。後拉鍊袋蓋 D 的表、裡布同步驟 10 車合後，對齊拉鍊框中央疏縫固定。如圖。

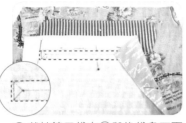

⓭ 裁拉鍊口袋布④與後袋身正面相對，依拉鍊位置車縫拉鍊框。需注意：拉鍊框左右兩側要多車出一點，方便之後袋蓋翻出。

⓮ 接著依照一字拉鍊口袋做法製作口袋。車縫時，可先將袋蓋向上翻夾好，再如圖之順序車縫。

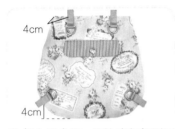

⓯ 釘上四合扣。要注意勿釘到口袋布。10cm 織帶 4 條穿入 D 環，對摺車好、再如圖車於表後袋身即完成。

組合表袋身側袋身口金拉鍊

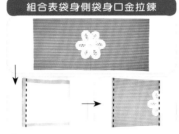

⓰ 裁側袋身口袋布②，中間車上蕾絲片裝飾。正面相對、對摺車合後，翻回正面，壓線固定。共完成二組。

12cm 中心 12cm

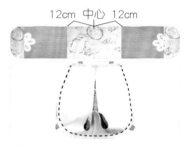

⓱ 將二組口袋布②車縫固定於側袋身片①上。再與步驟 15 的後袋身 A 車合。圓弧處可剪牙口，有利車合。

⓲ 將縫份倒向側袋身，再由正面壓線固定。

⓳ 取步驟 11 的前袋身 A 再與側身袋片①正面相對車合。續同步驟 18，車壓縫份固定線之後，翻正袋身。

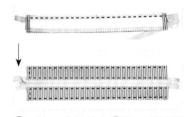

⓴ 4 片口金拉鍊布③的兩側端縫份往內折摺，並車縫起來，接著表、裡布夾車 35cm 拉鍊。再翻正車壓ㄈ型固定線。

㉑ 將拉鍊拉開與表袋身正面相對，疏縫一圈。再將縫份內折後，車合一圈。

製作裡袋身

㉒ 依紙型 A 裁下 2 片裡袋片，可用 15cm 拉鍊與口袋布④製作出一字拉鍊口袋，另片則可做有蓋口袋。

㉓ 組合裡袋，同步驟 17 將裡袋身與側身袋片①車合，並將上線縫份摺入，車縫一圈。

組合表裡袋身

㉔ 組合表裡袋，將裡袋套入表袋。對齊後車合一圈。

㉕ 於拉鍊頭尾縫皮檔片，於穿入孔插入 20cm 的微ㄇ支架口金。

㉖ 袋蓋與小口金袋身分別縫上皮扣組。之後於內袋身穿入孔插入 15cm 半圓支架口金。

㉗ 安裝皮背帶，皮帶如圖穿入 D 環，取出中央 22cm 的長度。

㉘ 兩側皮條上翻、釘上鉚釘固定。

㉙ 下方皮條分別穿入日環、穿入 D 環、再返回穿入日環後，固定起來。

㉚ 雙口金包完成。

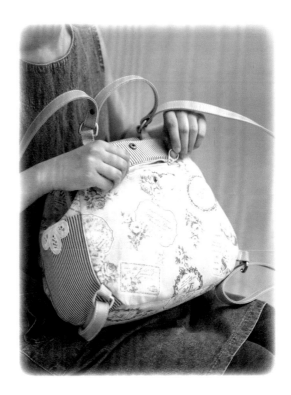

熊愛妳
輕便媽媽包

減壓背帶

推車掛帶

Bag 完成尺寸：長 30× 寬 14× 高 27cm

外表可愛吸引目光，
內裝分層多元容量大，
媽媽們絕對少不了這個包！

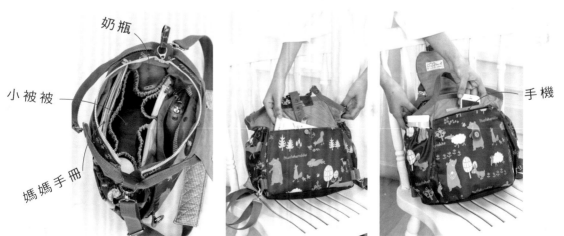

奶瓶

小被被

媽媽手冊

手機

◀裁布表▶

（單位：cm）（數字尺寸已含縫份；紙型未含縫份，需另加縫份。縫份：未註明 =1CM。）

部位名稱	尺寸（cm）	數量	備註
表袋身			
前、後身	紙型 A	2	
前口袋	①↔15cm×↕30cm	1	
滾邊	②↔28cm×↕4cm	1	
網布	③↔28cm×↕18cm	1	
前拉鍊口袋	④↔28cm×↕24cm	表 1	
	⑤↔28cm×↕22cm	裡 1	
後口袋	⑥↔28cm×↕20cm	表 1	
		裡 1	
側身	紙型 B	2	
側身口袋	紙型 C	表 2	
		裡 2	
袋底	紙型 D	1	
袋蓋	紙型 E	表 1	
	紙型 E：上緣不加縫份	裡 1	

部位名稱	尺寸（cm）	數量	備註
表袋身			
拉鍊口布	⑦↔30cm×↕5.5cm	表 2	
		裡 2	
裡袋身			
前身＋後身＋側身	ABAB 紙型依序橫向排例畫好，外加縫份裁剪下來。	1	
拉鍊口袋	⑧↔20cm×↕40cm	2	
滾邊	⑨↔110cm×↕6cm（直紋布可）	1	
網布	⑩↔110cm×↕18cm	1	
袋底	紙型 D	1	
減壓帶	⑪↔30cm×↕7cm	表 4	
	⑪↔30cm×↕7cm	背 2	
	⑫↔28cm×↕5cm	舖棉 2	

◀其它材料▶

★ 3V 拉鍊：15cm×2 條、20cm×1 條、30cm×1 條。

★ 2.5 cm 織帶：45 cm×1 條、10cm 織帶 ×2 條、19cm×2 條、110cm×2 條

★ 3 cm 織帶：45 cm×2 條。

★ 1cm 人字帶：20cm×1 條、1.3cm 背帶鉤 ×3 個、1.3cmD 環 ×2 個。

★ 1.5cm×5cm 小皮片 ×5 片。

★鬆緊帶：約 150CM 不裁開。

★內徑 3.5cm 活動式圓環 ×1 個、

★ 2.5cmD 環 ×4 個、2.5 cm 日型環 ×2 個、2.5cm 背帶鉤 ×4 個、2.5cm 背帶皮片 ×2 片。

★皮扣 ×1 組。撞釘磁扣 ×1 組。

★鉚釘 × 數組。

◀裁布示意圖▶（單位：cm）

熊愛你圖案布（幅寬 110cm×50cm）

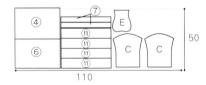

格子布（幅寬 110cm×55cm）

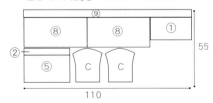

格子壓棉布（幅寬 60cm×20cm）

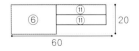

水藍色布（幅寬 150cm×60cm）

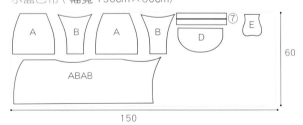

網布（幅寬 150cm×20cm）

深藍色布　舖棉

製作前表袋身

❶ 參照【有蓋口袋製作法】在前袋身 A 的口袋位置上，以口袋布①做出寬 12cm 的有蓋口袋。

❷ 網布③以滾邊布②滾完邊後，將其車於前袋身 A。三邊做疏縫，並由中間車出口袋分隔線。（袋口三角回車）

❸ 製做拉鍊口袋，20cm 拉鍊與口袋表布④，抓出中心點，正面相對，拉鍊距袋口 0.5cm 做疏縫。

❹ 續將口袋裡布⑤正面相對夾車拉鍊。翻回正面，將表、裡布的下緣抓齊後固定。

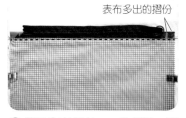

❺ 袋口會出多出 1cm 的摺份，再由正面壓線固定。

❻ 如圖距，縫上皮磁釦。

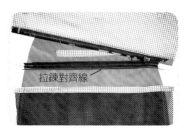

❼ 依紙型 A，在袋身畫上拉鍊對齊線，將另一側拉鍊與袋身正面相對對齊線，車上二道固定線。

❽ 翻下口袋布、對齊袋底後，疏縫三邊，再沿著袋身形狀剪去多餘的布。

❾ 車縫奶嘴帶，裁 20cm 的人字帶套入 1.3cm 背帶鈎、對摺，由中間車縫固定線，再疏縫於有蓋口袋上方。

製作後表袋身

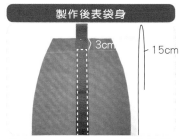

❿ 取 2.5cm 寬 ×45cm 長的織帶，將上方摺入 15cm 車縫於袋身中間。

⓫ 1.5cm×5cm 小皮片，一端打入撞釘磁釦公釦後，依圖距將小皮片另一端用鉚釘固定於袋身。

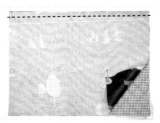

⓬ 後口袋布⑥的表、裡布正面相對，車縫一道。

⓭ 翻回正面壓線，中間固定撞釘磁鈕後，再將口袋布對齊袋身、疏縫三邊，再沿著袋身形狀剪去多餘的布。

⓮ 裁2條10cm的織帶套入2.5cm D環後對摺車一道固定，再如圖距分別車於袋身二側。

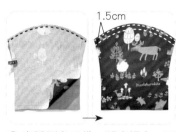

⓯ 車縫側身口袋，將表裡布，正面相對車縫上緣，縫份剪鋸齒狀。翻正、車縫二道固定線，線與線相距約1.5cm。做為鬆緊帶穿入洞口。

⓰ 將口袋布二側疏縫於側身布，需避開二側的鬆緊帶穿入洞口。

⓱ 口袋布下緣做打摺車縫，並疏縫固定於側身布。

⓲ 洞口穿入鬆緊帶後先固定一端，再將鬆緊帶拉至適當緊度後，再固定尾端，並剪去多餘鬆緊帶。

組合表袋身

⓳ 將二側身與袋身做正面相對，車合二側邊。

⓴ 翻正，縫份倒向袋身，車壓固定線。

㉑ 取另片袋身與其一側身正面相對車合，再翻正，縫份倒向袋身，車壓固定線。

㉒ 續將未車合的袋身與側身正面相對車合，縫份倒向袋身布（不用翻正比較好車），臨邊車壓固定線。完成袋身與側身的相接。

㉓ 組合袋底D，將袋底直線處對齊後袋身下緣，以點對點的方式車合。接著把袋身立起來，同樣以點對點方式車合圓弧處。（袋身縫份可剪牙口助車合）。最後確認車合接點有無縫隙。續將縫份剪鋸齒後翻回正面，完成表袋身。

製作裡袋身

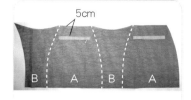

5cm

B　A　B　A

㉔ 找出袋身布 ABAB 前、後袋身 A 的位置，用二片拉鍊布⑧分別做出 15cm 的拉鍊口袋。建議離袋口約 5cm。

㉕ 製作裡袋口袋，將滾邊布⑨夾車網布⑩，再穿入鬆緊帶。並先車固定鬆緊帶一端。

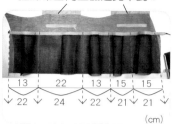

拉鍊布暫向上翻避免車到！

| 13 | 22 | 13 | 15 | 15 |
| 22 | 24 | 22 | 21 | 21 |
(cm)

㉖ 依自己需求分出口袋的分隔線，且要先避開鬆緊帶車縫固定。

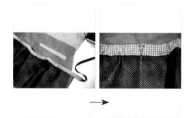

㉗ 鬆緊帶拉抽至適當的鬆緊度後，以珠針先固定分隔，再將分隔線車合。（袋口三角回車）

㉘ 網布下緣先做打摺疏縫固定。再剪去邊緣多餘布料。

㉙ 將袋身左右對摺，側邊車合。再同步驟 22，縫份倒向任一邊，車壓固定線。

㉚ 組合內袋袋底。同步驟 23 將裡袋身與袋底車合，再剪小縫份。

㉛ 將裡袋身放入表袋身，沿袋口車合一圈。

㉜ 依【拉鍊口布製作法】將拉鍊口布⑦表、裡布與 30cm 拉鍊，做出拉鍊口布。

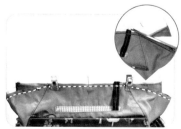

㉝ 再與袋口對齊做疏縫。最後二側會有多出的布片，完成疏縫後，即可剪去多餘布片。

㉞ 拉鍊尾端車縫固定於袋身。取 2 條 19cm 的織帶，以包邊方式順著包型車縫於前、後身之袋口。

組合袋身與袋底

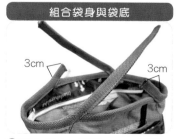

3cm　　3cm

㉟ 取 2 條 3cm 寬之 45 cm 織帶，以包邊方式車縫於二側身袋口，車縫時，其中一端要預留 3cm；另邊則是在斜對面位置預留 3cm。

36 取 4 片小皮片，分別套入 1.3cmD 環及背帶鉤後摺半，以鉚釘固定於織帶端。如圖，較長端織帶是固定背帶鉤，較短端織帶是固定 D 環。

37 製作袋蓋，表、裡布 E 正面相對，上方預留返口其餘車合。縫份剪鋸齒狀後，翻正、壓線。

38 將袋蓋表布縫份先車固定於後袋身中央。

39 接著將袋蓋向上翻、再車一道固定線。

40 接著將步驟 9 預先車好的織帶，如圖，套入活動式圓環後，以鉚釘固定。

41 袋蓋與袋身分別縫上皮釦組。袋身二側則安裝上 2.5cm 的 D 環與皮片。

42 製作背帶，110cm 織帶，穿入日環、背帶鉤，再返回穿入日環，車縫固定。另一端則穿入背帶鉤車縫。

43 取 ⑪ ⑫ 布，以依【減壓帶製作法】製作 2 條減壓帶，套入背帶。(可利用筷子將背帶鉤順順推入即可。)

44 完成。

熱氣球
交叉背帶包

俏麗的熱氣球交叉背帶包，圓呼呼的袋型，最適合活潑的妳，側邊還藏有暗袋可以收納呢！

Bag 完成尺寸：長 23 × 寬 20 × 高 26cm

【裁布表】

（數字尺寸已含縫份；紙型未含縫份，需另加縫份。縫份：未註明 =1cm。）

部位名稱	尺寸（cm）	數量	燙襯（未註明－需要加縫份）
表袋身			
前、後袋身	依紙型 A 右側縫份 1.3cm，其餘皆 1cm	2	厚襯、袋口處之縫份不燙襯
側袋身	依紙型 B 左側縫份 1.3cm，其餘皆 1cm	2	厚襯、袋口處之縫份不燙襯
拉鍊口袋	①↔19cm×↕28cm	4	薄襯
束帶布	②↔24cm×↕14cm	2	✕帆布免燙
袋蓋	表：依紙型 C、不加縫份	表 1	✕皮革免燙
	裡：依紙型 C、加縫份	裡 1	先燙輕挺襯、再燙半硬襯
側身造型口袋	D 依紙型、不加縫份	1	✕皮革免燙
裡袋身			
前、後袋身	依紙型 A	2	✕壓棉布免燙
側袋身	依紙型 B	2	✕壓棉布免燙
口袋布	③↔20cm×↕40cm	2	薄襯

【其它材料】

★ 3V 拉鍊 15cm×3。
★ 2cm 日型環、口型環 ×1 個。
★ 造型磁釦 ×1 組、插式磁釦 ×1 組。
★ 鉚釘 × 數組。
★ 2cm 皮尾束夾 ×2 個。
★ 2cm 皮條 ×200cm×1 條。

※ 由於皮條較厚，所以日型環要挑同尺寸裡較大的較好用哦（請看配件圖 2 的大小對照）。

配件圖 1　　　　配件圖 2

【裁布示意圖】（單位：cm）

熱氣球棉麻布（幅寬 110cm×39cm）

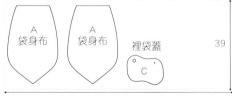

水玉薄棉布（幅寬 110cm×39cm）

素色薄帆布（幅寬 100cm×41cm）

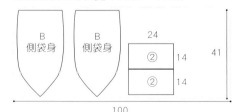

格紋壓棉布（幅寬 150cm×41cm）

皮革布（30cm×15cm）

C 表帶蓋　　D 側口袋

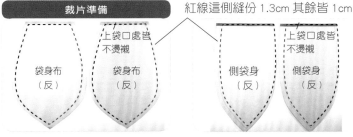

裁片準備

紅線這側縫份 1.3cm 其餘皆 1cm

袋身布（反）　袋身布（反）　　側袋身（反）　側袋身（反）

上袋口處皆不燙襯

依紙型 A、B、C 裁下袋身前、後、側身與袋蓋片後，依圖示燙襯。
紅線這側縫份 1.3cm 其餘皆 1cm

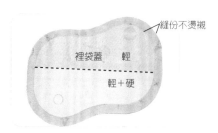

裡袋蓋　輕
輕＋硬
縫份不燙襯

先燙一層輕挺襯，欲裝設磁釦的
那半邊再燙一層硬襯。

製作表袋身的隱形拉鍊口袋

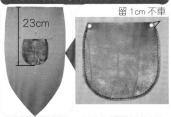

23cm　　留 1cm 不車

❶ 側袋布 B 上車縫皮革側口袋
D，頭尾 1cm 不車，需回針。針
距為 3.5mm。縫好後，在邊角釘
上鉚釘。

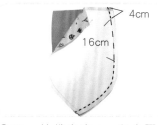

4cm
16cm

❷ 取一片袋身布 A，與步驟 1
正面相對車合 1.3cm 縫份，實縫
4cm→疏縫 16cm→其餘皆實縫。
之後將縫份燙開。

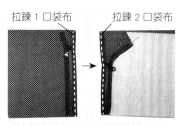

拉鍊 1 口袋布　　拉鍊 2 口袋布

❸ 取一條拉鍊及二片口袋布①，
口袋布正面與拉鍊背面相對車縫
起來（之後稱為拉鍊 1 口袋布）。
拉鍊的另一側同樣也是背面與另
一片口袋布的正面相對車縫起來
（之後稱為拉鍊 2 口袋布）。

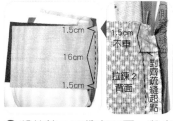

1.5cm
16cm
1.5cm
1.5cm 不車
拉鍊 2 背面
對齊疏縫起點

❹ 將拉鍊 2 口袋布正面、與步
驟 2 側袋身布縫份相對。其中拉
鍊 2 上、下各預留 1.5cm 不車。
其車縫起點對齊袋身的疏縫起
點。以縫份 0.7cm 車合。

❺ 車合後，將拉鍊 2 口袋布，
順著車縫線翻至正面，再車壓一
道固定線，依舊是上、下預留的
1.5cm 不車，而且請注意，還是只
車到側袋身的縫份。

❻ 拆開疏縫線。

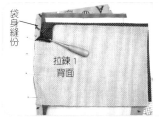

袋身縫份
拉鍊 1 背面

❼ 將拉鍊 1 口袋布正面袋身布縫
份相對，同步驟 4～5 車合。

❽ 二片拉鍊布順撥到袋身布後
（其中有一片拉鍊布會多出約
1.5cm），確認布面平整後，將二
片拉鍊布用珠針固定（不要連袋
身一起固定到哦）。

❾ 接著為車縫方便，將拉鍊布拉
到旁邊，露出上、下 1.5cm 的縫份，
並且做車合。

⑩ 車合後再撥回,用珠針固定好袋身布與拉鍊布。如圖,於縫份內疏縫起來。

⑪ 翻到袋身布正面,依袋身布輪廓剪下多餘的拉鍊布。

⑫ 避開拉鍊,在拉鍊上、下方車壓固定裝飾線。

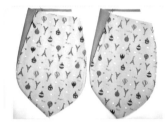

⑬ 依此方法共需完成二片各半的袋身布。

組合表袋身

⑭ 二片各半的袋身布正面相對齊後縫合。燙開縫份由正面壓固定線。(不要把袋身翻回正面)會比較好車。

⑮ 在縫份處剪牙口後,翻回正面。

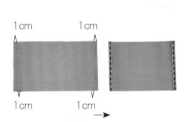

1cm 1cm
1cm 1cm →

⑯ 取束帶布②將左、右二側往內摺2摺,車縫固定後,再上下對摺,並做疏縫。完成 20cmX7cm 的二片束帶布。

⑰ 二片束帶布,分別縫於二片側袋身布上。

製作袋蓋

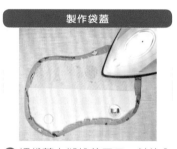

⑱ 裡袋蓋布縫份剪牙口,並往內燙摺。安裝插式磁釦

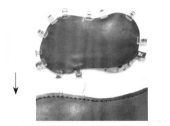

⑲ 再表袋蓋皮布背面相對,夾好,車合一圈。建議由袋蓋後半開始車,針距為 3.5mm。

⑳ 依袋身紙型記號,在後袋身畫上袋蓋記號線。

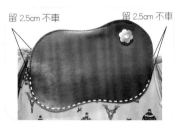

留 2.5cm 不車　　　留 2.5cm 不車

㉑ 袋蓋打洞後,鎖上造型磁釦母釦,頭尾留 2.5cm 不車,其餘與後袋身車合。

㉒ 依袋身紙型記號，在前袋身安裝造型磁釦公釦、與插式磁釦母釦。表袋身完成。

組合裡袋身

㉓ 取口袋布③及 15cm 拉鍊，參照秘笈在袋身各做一個有蓋口袋與有蓋拉鍊口袋。

㉔ 取袋身布 A 與側袋身布 B 各一片，車合單側縫份。將縫份燙開，壓固定線。用同方法完成另一組。

㉕ 將二組車縫好的袋身布組，兩兩正面相對後車合。

㉖ 縫份燙開後，由正面壓固定線，完成裡袋身。

組合表裡袋身

㉗ 表、裡袋身的袋口縫份皆往內燙摺。並裡袋身放入表袋身中袋口對齊夾好。

㉘ 車合二圈固定。

㉙ 在後袋蓋，釘上鉚釘加強固定。

安裝背帶

㉚ 皮條如圖，從左後方束帶布穿入、由左前方出，再穿入右後方束帶布、由右前出。

㉛ 皮條尾套入口環、夾上皮尾束夾、釘鉚釘固定。

㉛ 皮條頭穿入日環、穿入口環、再返回穿入日環、夾上皮尾束夾、釘鉚釘固定。交叉背帶包完成囉！

海洋風雙拉鍊
單肩後背包

男生背帥氣，女生背個性，
時下最流行的單肩包，
及實用隔層，
在這都有完美的體現…

Bag 完成尺寸：長 21 × 寬 10 × 高 26cm

◀ 裁布表 ▶ （數字尺寸已含縫份；紙型未含縫份，需另加縫份。縫份：未註明 =1cm。）

部位名稱	尺寸（cm）	數量	備註
表袋身			
前袋身	依紙型 A 上	1	
	依紙型 A 下	1	
	依紙型 B	表 1 裡 1	
表後袋身	依紙型 A	1	
拉鍊口布	①↔34cm×↕6cm	4	
側袋身	②↔67.5cm×↕7cm	表 2 裡 2	
前口袋	③↔16cm×↕30cm	2	
後口袋	④↔20cm×↕40cm	1	
織帶檔布	⑤↔11cm×↕11cm	1	
背帶布	依紙型 C	1	
	⑥↔50cm×↕7cm	1	
	預備一片長型壓棉布，請看註 (1)	1	(1)
裡袋身			
前、後袋身	依紙型 A	4	
拉鍊口袋	④↔20cm×↕40cm	2	
開放口袋	⑦↔23cm×↕20cm	2	
滾邊布	⑧↔23cm×↕6cm	2	

備註：(1) 等 C ＋⑥拼接好後，再依形裁剪壓棉布即可。(步驟 17)

◀ 其它材料 ▶

插扣圖

★ 5V 拉鍊 30cm×2 條、15cm×3 條、12cm×1 條。

★ 3 cm：織帶 12cm×2 條、70cm×1 條。
　插扣 ×2 個、日型環 ×1 個

★ 2cm：織帶 15cm×1 條、25cm×1 條、
　8cm×2 條。插扣 ×1 個、日型環 ×1 個、D 環 ×2 個。

★ 1cm 織帶 50cm×1 條。
　手勾 ×1 個、
　D 環 ×1 個。

★撞釘磁扣 ×4 組。
★鉚釘 × 數組。

◀ 裁布示意圖 ▶ (單位：cm)

海洋風圖案布 (幅寬 110cm×50cm)
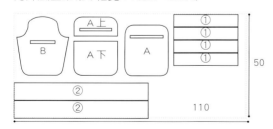
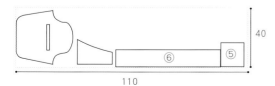

深藍布 (幅寬 140cm×60cm)
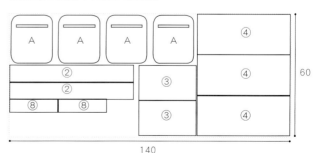

條紋布 (橫條取直)(幅寬 110cm×40cm)
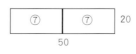

網布 (50cm×20cm)

43

製作前袋身

❶ 口袋布③置於 A 下中央正面相對，左右各留 3cm 不車。再將未車部分二側摺入，並用珠針暫時固定。

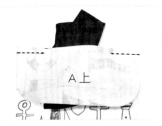

❷ 取前袋身 A 上，與 A 下以正面相對，避開口袋布③、將二側車縫。並由袋口將口袋布拉出。

❸ 將縫份刮開，中間實車 13cm 壓線固定。

❹ 口袋布往上摺，對齊袋身 A 上縫份，用珠針固定好。

❺ 翻至正面，車縫∩字形，再於中心上方釘入磁釦。前袋身 A 完成。

15cm

❻ 用 1cm 織帶、手勾 D 環等，於前袋身裡 B 設計出筆插及鑰匙鈎。

❼ 用口袋布③於前袋身表 B 做一個 12cm 的拉鍊口袋。並於下方避開口袋布，於中間釘上磁釦。

❽ 製作扣帶，2cm 織帶裁 15cm 穿入插扣後、對摺、車於表 B 上中央。

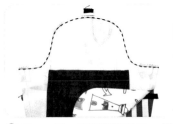

❾ 表 B、裡 B 正面相對車合，縫份剪鋸齒狀。

❿ 翻正、壓線一圈。前袋身 B 完成。

⓫ 再將前袋身 B 車於步驟 5 的前袋身 A。

⓬ B 的袋蓋往下翻摺後，於相對位置釘上磁釦。前袋身完成。

製作後袋身

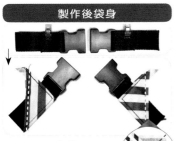

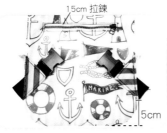

⓭ 3cm 的織帶裁 12cm 二段插入插扣後內摺 3cm。取織帶擋布⑤由對角線裁開，最長邊之縫份摺入，再對摺包入插扣織帶，車合三邊。

⓮ 於後袋身 A 車上插釦。再取後口袋布④於 A 做出一個 15cm 拉鍊口袋。

⓯ 25cm 長的 2cm 寬織帶，穿入日型環、插扣後再回穿出日型環，織帶尾端需摺二摺車縫固定。

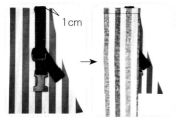

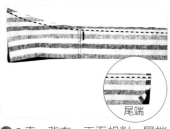

⓰ 將織帶車縫於背帶布 C 上，再與⑥連接布車合，縫份倒向⑥，壓線固定。(以下步驟統稱為 C)

⓱ 依照 C 的形狀，裁出背面壓棉布。要注意：正反面的裁布。

⓲ C 表、背布，正面相對，尾端縫份摺起，先將曲線的那側車合。

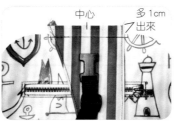

製作側身

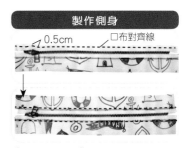

⓳ 翻正壓線，再把直線那側的縫份摺入、夾好，車壓固定線。

⓴ C 背面與 A 正面中間點相對車合，C 縫份會出 1cm 是方便之後釘鉚釘加強固定。後袋身完成。

㉑ 拉鍊口布①對摺，30cm 拉鍊兩側畫出距邊緣 0.5cm 的對齊線，將口布對齊好車縫。(可車縫二道加強固定)。

㉒ 同步驟完成二條拉鍊口布。其中一條二側側車上 2cm 織帶與 D 環。

㉓ 接合口布與側袋身②取側袋身片的表、裡布正面相對夾車拉鍊口布。其縫份線與拉鍊齒剛好緊靠，用拉鍊壓布腳較易車縫。

㉔ 翻正、壓線。並將外側整圈疏縫起來。完成二條側袋身。

製作裡袋身

組合袋身

㉕ 用滾邊布⑧將口袋布⑦的上緣包邊，再車縫固定於裡袋身表布A，並釘上磁釦，共完成二片。

㉖ 另二片裡袋身A，則用口袋布④依紙型位置製作15cm拉鍊口袋。

㉗ 備前袋身、裡袋身、側袋身（無D環的）各一片。

㉘ 側袋身、前袋身正面相對車合一圈。先抓四個中心點對齊再車縫，並於圓角處剪芽口。

㉙ 車好後，側袋身往中間壓集中再與裡袋身，正面相對車合一圈。於上方留返口。圓弧處剪鋸齒狀後，由返口翻正。

㉚ 再將返口縫合。

㉛ 取另一片裡袋身與另側側袋身裡布正面相對車合一圈。

㉜ 車縫時，立體面向上比較好車。

㉝ 取另一側袋身（有D環的），正面向內，套於步驟32的袋身之外，車合一圈。（此處車的與步驟32的是同一圈。）

㉞ 要注意二條側袋身的拉鍊接合處要對齊比較好看。

㉟ 車好後，側身往中間壓集中，再取來另一片裡袋身與其正面相對車合一圈。於側邊留返口（儘量留大一點，此處車的與步驟33也是同一圈。）

㊱ 圓弧處剪鋸齒狀後，由返口翻正，縫合返口。

37 把袋身往內壓，露出最後還未縫合的另側側袋身。將後袋身與側袋身，正面相對、車合一圈。無需留返口。

38 把袋身往內壓，露出四個邊。與最後一片裡袋身正面相對，四周車合。於側邊留返口（儘量留大一點）。

返口

39 圓弧處剪鋸齒狀後，由返口翻正，縫合返口。

40 由拉鍊口翻回正面。再將背帶加強釘固定。

41 3 cm 的織帶裁 70cm，一端塞5cm 入背帶口，車縫固定。另一端穿入日型環、插扣、再返回穿入日型環，車縫固定起來。

42 插起插扣。

43 完成。

毛頭小鷹
三層拉鍊包

三層拉鍊設計，不僅造型獨一，
收納分類更多元。
裡面還有貼心的口袋設計。

可愛的貓頭鷹圖案，
最適合母女一起背的母子包。

🅑 完成尺寸：長 28× 寬 12× 高 36cm

裁布表

（數字尺寸已含縫份；紙型未含縫份，需另加縫份。縫份：未註明=1cm。）

部位名稱	尺寸（cm）	數量	備註
表袋身（此包以拉鍊隔層區分，不用表裡袋區分）			
主拉鍊袋1	紙型 A	表1裡2	
	□袋網布① ↔18cm×↕18cm	1	註1
	□袋滾邊布② ↔18cm×↕6cm	1	
主拉鍊袋2	紙型 B	表1	
	紙型 B1	裡2	註2
	□袋網布③ ↔24cm×↕20cm	2	
	□袋滾邊布④ ↔24cm×↕6cm	2	
	拉鍊口袋布⑤ ↔15cm×↕30cm	1	
主拉鍊袋3	紙型 C	表1	
	紙型 C1	表1裡2	註2
	□袋網布⑥ ↔45cm×↕20cm	1	
	□袋滾邊布⑦ ↔45cm×↕6cm	1	
	拉鍊口袋布⑧ ↔25cm×↕45cm	3	
	筆電隔層布⑨ ↔30cm×↕55cm	1	
	絆扣布⑩ ↔30cm×↕7cm	1	
	拉鍊檔布⑪ ↔3cm×↕14cm	表2裡2	

部位名稱	尺寸（cm）	數量	備註
表袋身（此包以拉鍊隔層區分，不用表裡袋區分）			
側袋身布	紙型 D	表1裡1	
配色口袋	紙型 E	表1裡1	
袋底	⑫ ↔30cm×↕14cm	表1裡1	
	滾邊布⑬ ↔90cm×↕5cm	1	
減壓背帶布	織帶檔布⑭ ↔11cm×↕11cm	1	
	⑮ ↔52cm×↕7cm	表布2 背布2	
	⑯ ↔51cm×↕4.5cm	舖棉2	

註1 可將網布①+③+⑥、滾邊布②+④+⑦先不裁開，待滾邊好後，再依所需大小裁開比較省力。

註2 B1、C1 怎麼畫：
先描出紙型外圈輪廓（藍線），再於下方拉直線（紅線）連起2側頂點，最後畫出外圍縫份即可。

其它材料

★ 5V 拉鍊：雙拉頭45cm×1條、雙拉頭65cm×2條、20cm×3條、13cm×1條。
★ 2.5 cm 織帶：15cm織帶×2條、50cm×2條。
★ 2.5cm：日型環×2個、口型環×2個。
★鬆緊帶：約70cm×1條不裁開、1.3cm背帶鉤×1個。
★撞釘磁釦×2組、魔鬼黏↔4cm×↕2cm×1組。
★ 2cm：皮條40cm×1條、皮尾束夾×2個。
★鉚釘×數組。

裁布示意圖 （單位：cm）

毛頭小鷹圖案布（幅寬110cm×60cm）

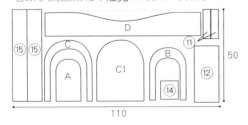

湖水綠薄防水布（幅寬120cm×110cm）

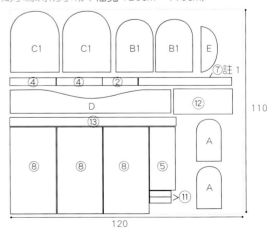

格子壓棉布

黑色網布

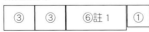

駝色仿麂皮布

主袋內的隔層內裡口袋

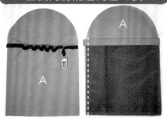

❶ 裁下滾好邊的網布口袋①，如圖車縫於裡布 A 上，另一片裡布 A 則運用鬆緊帶及 1.3cm 背帶鉤，車出筆插、鑰匙鉤等間距。

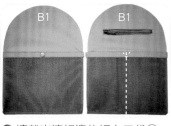

❷ 續裁出滾好邊的網布口袋④二組，分別車縫於 B1 袋身的裡布。1 片可釘上磁釦組，1 片則可於中央車分隔，還可用 13cm 拉與口袋布⑤製作一字拉鍊口袋。

❸ 裁出網布口袋⑥尺寸，先疏縫於 1 片 C1 裡布二側，再穿入鬆緊帶。

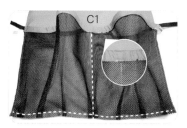

❹ 在口袋中央車一道分隔線，分隔線上的鬆緊帶先不車到。下方整齊摺出摺份後，車縫固定。

❺ 拉抽鬆緊帶至適當的鬆緊度後，分隔線上的鬆緊帶用 3 角回車固定法。固定兩端鬆緊帶後、剪去多餘鬆緊帶。

❻ 再運用⑧拉鍊口布與 20cm 拉鍊，於上方製作一字拉鍊口袋。

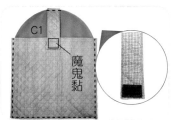

❼ 製作筆電隔層，將⑨隔層布對摺後壓固定線。⑩絆扣布，背朝外對摺，車合二側，再翻回壓線。⑨、⑩對齊車上魔鬼氈。再固定於 C1 裡布上。

製作主拉鍊袋 1

拉鍊距離邊緣 0.5cm

7cm

❽ A 主袋表布與 45cm 拉鍊，正面相對，對齊中心，先疏縫固定。如圖。

❾ 接著取步驟 1 的其中一片 A 袋裡布，與其正面相對車縫接合，下緣不車為返口用。

❿ 圓弧處剪鋸齒狀，再翻回正面，壓固定線。

0.5cm

7cm

⓫ 另側拉鍊則是背面與另一片裡 A 正面相對同步驟 8 車合。

⓬ 表布 B 的內圈縫份剪牙口後，再與步驟 11 的 A 袋正面相對車合。（夾車拉鍊那圈）。

⑬ 翻回正面，縫份倒向 B，並車壓固定線。再將 AB 相併車固定，特別注意 A 與看起來是相連接的，拉鍊齒也呈向外凸起狀。

0.5cm
5cm

⑭ 車縫第二層拉鍊，65cm 拉鍊與 B 正面相對，對齊中心，拉鍊距離如圖對好，先疏縫固定。

⑮ 取 B1 裡布 1 片，與其正面相對縫合，底端不車做為返口，圓弧處須剪鋸齒狀。再翻正面作壓線。

0.5cm
5cm

⑯ 另側拉鍊則是背面與另一片 B1 裡布正面相對，同步驟 14 車合。

⑰ 表布 C 的內圈縫份剪牙口，再與步驟 16 的 B1 拉鍊袋正面相對車合。

⑱ 將包翻回正面，縫份倒向 C，車壓固定線。再將 BC 併車固定，同步驟 13。

⑲ 配色口袋 E 表、裡布正面相對，車圓弧處並剪牙口後翻正面壓線，中央釘上磁釦。再車縫於袋身，拉鍊下方釘 4 顆鉚釘固定。A 布上相對應釘上磁釦。

⑳ 取拉鍊檔布⑪表、裡布，夾車 65cm 拉鍊的頭尾，翻正面後四邊車壓固定線。

0.5cm

㉑ 將拉鍊如圖與 C 正面相對，檔布要與下緣對齊，將拉鍊疏縫固定。

㉒ 取步驟 7 的 C1 裡布，與 C 正面相對，下緣為返口，其餘車合。

㉓ 圓弧處剪鋸齒狀後，翻正、壓線。

0.5cm

㉔ 拉鍊另一側背面與 D 側袋身裡布正面對齊中心點後，疏縫一圈。請注意：是 D 裡布有弧度的那一邊與拉鍊疏縫。

㉕ 取 D 側袋身表布，與 D 側袋身裡布正面相對，也是車縫有弧度的那一邊。

㉖ 翻正、壓線。同時將 D 表、裡布一起車合。

㉗ 將 D 圓弧處剪牙口後，其側袋身裡布與步驟 7 的 C1 裡布正面相對、如圖疏縫。

製作後袋身

5cm
4cm

㉘ 取口袋布 ⑧ 20cm 拉鍊各二個，如圖距於 C1 表車出二個一字拉鍊。

㉙ 翻至背面，將 2 個口袋布上下緣車合。請注意：不要車到 C1 表布。

㉚ 減壓背帶：取 ⑭、⑮、⑯ 與 2.5 cm 的織帶、口型環、日型環，運用【減壓後背帶製作法】做出二條背帶。

3cm

㉛ 背帶如圖（有點斜角），車固定於 C1 表布上方中央。織帶檔布如圖距車於下方 2 側。

㉜ C1 表布與步驟 27 的表布 D 正面相對車合，夾車 D。圓弧處剪鋸齒狀後翻正（不要剪到背帶），運用骨筆將布整平。

㉝ 將背帶縫份、連同 C1 表裡布釘在一起加強固定。

組合袋身與袋底

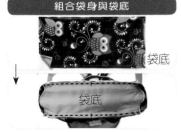

袋底
袋底

㉞ 袋底與表裡布 ⑫ 背對背車合。再與袋身正面相對，四邊對齊以點對點方式，先車合長邊。

㉟ 車縫短邊時，同樣以點對點方式車合，並先在袋身直角處剪牙口，較好車順。

㊱ 取袋底滾邊布 ⑬ 做縫份包邊。完成袋身組合。

(37)皮條頭尾夾上皮尾束夾後，如圖釘好。
注意：勿釘到背帶上，也不要釘太鬆以免容易滑動。
作用：可當手提把、調整雙肩背帶寬度。

私藏作法

毛頭小鷹後背包另種做法

❶在步驟 8 若不做前置造型口袋時，可直接將拉鍊尾端摺入車縫。

❷做法同原步驟 9 ～ 10 與裡袋身車合後翻正面，壓線後，拉鍊尾端即會收進去。

❸做到原步驟 11 時，也是將另側拉鍊尾端摺入車縫。

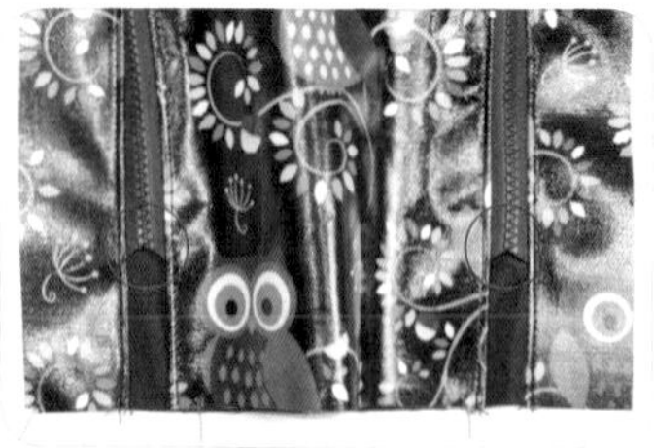

❹接著原步驟 12 ～ 13 即可以看到拉鍊尾端收進去的樣子。

❺將 A 如圖車好（看起來要與 B 相連）即可，再釘上鉚釘加強固定。在之後步驟只要把拉鍊尾端摺入，此包就會有不同的變化囉！！

❻製作小型雙拉鍊後背包，袋底⑫尺寸改為 24×14cm，側帶身布則以紙型 D 上所標示（小型毛頭小鷹包）為準。

輕巧隨行
雙拉鍊三用包

交叉背帶好有造型，
側背或手提都優雅。
包款分層便於收納，
東西各有屬於自己的家。

Bag 完成尺寸：長 32×寬 7×高 20cm

作 法 / how to make

◀裁布表▶ (數字尺寸已含縫份；紙型未含縫份，需另加縫份。縫份：未註明 =1cm。)

部位名稱	尺寸（cm）	數量
表袋身		
袋身	依紙型 A	4
拉鍊擋布	①↔4cm×↕3cm	4
側身布	②↔60cm×↕9cm	2
袋蓋	依紙型 B	表 1
		裡 1
裡袋身		
袋身	依紙型 A	2
	依紙型 A 上	2
	依紙型 A 下	2
開放口袋	③↔26cm×↕30cm	2

◀其它材料▶

★ 3V 拉鍊 25cm×2 條。

★ 2.5 cm：織帶 8cm×2 條、120cm×2 條。

★ 2.5 cm：D 環 ×4 個、日型環 ×2 個、手鈎 ×4 個。

★ 插式磁扣 ×1 組。膠版 12cm×5cm×1 片。

★ 手提把 ×1 組、皮下片 ×2 片、皮標 ×1 片。

★ 1.5cm 牛仔扣 ×1 組。

★ 鉚釘 × 數組。

◀裁布示意圖▶ (單位：cm)

豆沙色防水布 (幅寬 110×70cm)

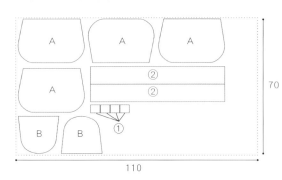

星星防水布 (幅寬 110×60cm)

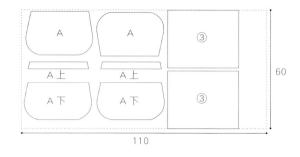

製作內裡口袋

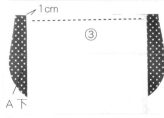

❶ 裁開放口袋布③置於袋身 A 下的裡布中間，正面相對，避開二側 1cm 縫份，實車 24 cm。

❷ 再將二側縫份摺入用珠針先固定③。

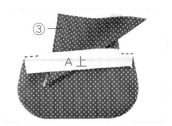

❸ 備袋身 A 上的裡布蓋上，避開口袋位置不車，只縫合二側，再將口袋布由袋口拉出來。

❹ 刮平縫份後，由正面實壓口袋布 24cm 固定線。

❺ 口袋布往上摺，對齊 A 上的縫份邊緣，並只車縫口袋布的二側。勿車到其它布片。

❻ 翻至正面，車縫∩字形。再將口袋車分隔線，並釘上鉚釘、加強耐用度，一共完成 2 片有口袋的裡袋身。

❼ 將袋身的摺份先車縫固定，並依紙型 A 在表布正面、裡布背面畫上褶合記號，可使摺出的方向有一致性。

製作中間袋身

❽ 裁二片②正面相對、先將兩側邊（9cm 那邊）車合。接著翻正後，四周壓線。

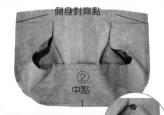

❾ 將側身布與表袋身 A 正面相對車合。找出各中心點，左右對齊，弧線處則要剪牙口。

❿ 再取另一片表袋身 A，同上與側身布②車合。（完成中間袋身）

組合前拉鍊袋身

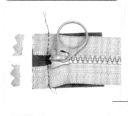
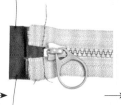
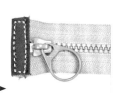

⓫ 25cm 拉鍊頭尾布先剪剩 1cm，再用①，將拉鍊頭尾包邊。共完成二條。

⓬ 表布依紙型 A 標示裝上磁釦。再將包好邊的拉鍊，距上緣 0.5cm 處置中疏縫好拉鍊。（此時可決定拉鍊開合的方向。）

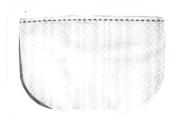

⓭ 袋身表 A、裡 A 正面相對，夾車拉鍊。

⓮ 翻正、壓線。頭尾兩端留至少 1cm 不壓線。

註 不壓線是為了有利步驟 20 的縫份容易倒向表布。

57

⑮ 續與步驟 10 的中間袋身正面相對，拉鍊的另一邊要距離袋身上緣 0.5cm 處置中疏縫固定。

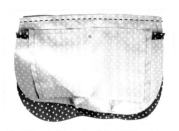

⑯ 再取步驟 6 完成的裡袋 1 片，與其正面相對、夾車拉鍊。

⑰ 翻正、壓線。一樣頭尾二端 1cm 不壓線。

⑱ 再把中間袋身往中間壓平，露出邊緣，比較有利之後的車縫。

⑲ 將有磁扣的那片表袋身 A 往下翻與步驟 18 中間袋身露出的邊緣夾齊。

⑳ 如圖，也將二片裡袋身 A 正面相對夾齊；車合一圈，於裡袋身留約 14cm 之返口。（交界處的縫份要倒向表布）

㉑ 將圓弧處縫份修剪成鋸齒狀，再翻回正面，縫合返口。完成前拉鍊袋身。

組合後拉鍊袋身

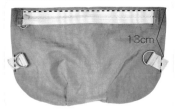

㉒ 8cm 織帶套入 D 環對摺，車於表袋身 A 兩側。袋口則取步驟 11 包好邊的拉鍊，同樣距邊緣 0.5cm 置中疏縫固定。

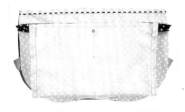

㉓ 續與步驟 6 的裡袋身 1 片正面相對，夾車拉鍊。

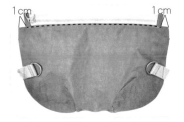

㉔ 翻正、壓線。一樣也是頭尾兩端留至少 1cm 不壓線。

㉕ 取步驟 21 的中間袋身置於下方。再放上步驟 24，正面相對，置中疏縫好另側拉鍊。

㉖ 取另片裡袋身 A，與中間袋身正面相對、夾車拉鍊

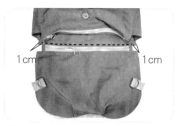

㉗ 翻正、壓線。一樣也是頭尾兩端留至少 1cm 不壓線。

㉘ 把前拉鍊袋身先往中央集中、壓平,露出邊緣。

㉙ 有 D 環的表袋身 A 往下翻與中間袋身的邊緣夾齊,二片裡袋身 A 也正面相對夾齊;車合一圈、於裡布留返口。縫份倒向表布。

㉚ 將圓弧處縫份修剪成鋸齒狀,再翻回正面,縫合返口。

製作袋蓋

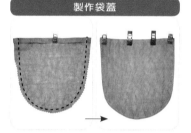

㉛ 裁袋蓋 B 表、裡各一片,將袋口縫份往內摺,正面相對車 U 字形,再翻正壓線。(袋口先不車合)

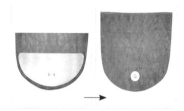

㉜ 膠版如圖剪成比前端袋蓋略小的形狀,尖端處要修圓,並打好磁扣洞。再將膠版塞入,連同裡袋蓋一起安裝磁釦。再車合袋口。

㉝ 如圖距,將袋蓋縫於後片中間袋身,並於兩側釘鉚釘,加強固定。

安裝提把、背帶

㉞ 用 120cm 織帶、日型環、手鉤,製作 2 條雙鉤頭背帶。距手勾 19cm 處釘上牛仔扣,使背帶可以交叉後背,不跑位。與包身上的 4 個 D 環配合,可做出各式變化。

㉟ 皮下片套入 D 環、對摺、釘於袋身兩側。再釘上提把。

㊱ 完成。

多格夾層
方便拿取

前方大人的二個立體口袋，是小朋友藏寶貝的好地方，背去遠足絕對是同學的焦點。換個布料，大人背也優雅呢！

※ 本頁的後背包款式為玩樂貓立體口袋後背包的同款背包（僅布料不同）。

玩樂貓
立體D袋後背包

Bag 完成尺寸：長 26 × 寬 12 × 高 30cm

◀裁布表▶

（數字尺寸已含縫份；紙型未含縫份，需另加縫份。縫份：未註明 =1cm。）

部位名稱	尺寸（cm）	數量	燙襯／備註
前表袋身			
袋身布／上片	紙型 A 上	1	硬襯
袋身布／下片	紙型 A 下	1	硬襯
立體口袋布	紙型 B	表 2／裡 2	硬襯／輕挺襯
袋蓋布	紙型 C	表 2／裡 2	厚硬襯／輕挺襯
拉鍊口袋布	①↔15cm×↕18cm	1	輕挺襯
棉織帶裝飾布	② 4cm×48cm ／③ 4cm×30cm	1／1	
側袋身			
拉鍊口布	④ 7cm×43cm ／⑤ 13cm×43cm	1／1	硬襯／硬襯
側身布	紙型 D	表 2／裡 2	硬襯／壓棉布免燙襯
口袋布	紙型 E	表 2／裡 2	厚襯／厚襯
後表袋身			
袋身布	紙型 A	1	厚硬襯
拉鍊口袋布	⑥↔20cm×↕30cm	1	薄襯
提把蓋布	⑦↔27cm×↕14cm	1	輕挺襯
減壓背帶布	⑧↔7cm×↕52cm	表 2／壓棉布 2	厚襯／壓棉布免燙襯
	⑨↔4.5cm×↕51cm	單膠舖棉 2	
背帶固定布	⑩ 11cm×11cm	1	
裡袋身			
前、後袋身布	紙型 A	2	壓棉布免燙襯
滾邊斜布條	⑪ 5cm×170cm	1	

◀其它材料▶

★ 5V 拉鍊（布寬 3cm 之拉鍊）：12.5cm(5 吋)×1 條、
15cm(6 吋)×1 條、40cm(16 吋) 雙拉頭 ×1 條。
★ 寬 2.5cm 棉織帶：提把用：48cm×1 條、30cm×1 條。
★ 後背帶用：15cm×2 條、50cm×2 條。

★ 束繩：36cm×2 條、束扣 ×2 個、
10mm 雞眼扣 ×4 組。
★ 插式磁扣 ×2 組。　★ 蕾絲 30cm×2 條。
★ 日型環 ×2 個、口型環 ×2 個。

◀裁布示意圖▶（單位：cm）

玩樂貓圖案布（幅寬 110cm×60cm）

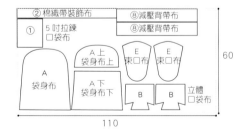

紫色格子布（幅寬 112cm）

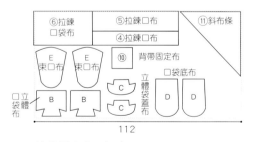

壓棉布（幅寬 150cm×37cm）

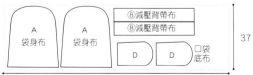

草莓圖案布（幅寬 110cm×30cm）

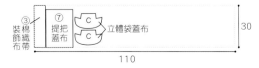

製作前表袋身立體口袋

❶ 立體口袋 B 表、裡布車縫袋底褶子，需回針縫加強。表布對好位置安裝磁釦。袋口上緣摺入 1cm。再將表、裡相對縫合。其袋角縫份要錯開，勿重疊。

❷ 縫份剪鋸齒狀後翻回正面。壓線一圈。共完成二組。

❸ 車縫袋蓋 C 表、裡布之底褶子。同步驟1，並於相對應位置在裡布上安裝磁釦。

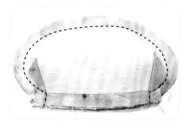

❹ 表布與裡布正面相對，依指示線車合。下緣為返口。

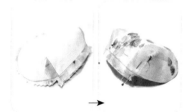

❺ 圓弧處縫份剪鋸齒狀，直角處縫份可多剪（有助直角線條）。翻回正面壓線一圈。

❻ 縫蕾絲裝飾袋蓋，30cm 的蕾絲先縮縫（不打結），再順著袋蓋弧度將蕾絲車縫上去。拉掉縮縫線。共完成二組。

❼ 依紙型 A 下描繪出口袋位置。

❽ 運用珠針，先對齊口袋底部中線固定，再對齊上端左、右角。

❾ 依圖示，先由下緣往上車縫（紅線），再由袋口往袋底車縫固定（黑線）。

製作前表袋身貼式口袋與提把

❿ 將二個車好蕾絲袋蓋固定於口袋上方。共完成二個立體口袋。

⓫ 拉鍊口袋布①燙對摺，上緣車壓固定線，再車縫於拉鍊一側。

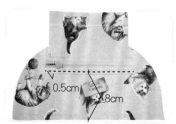

⓬ 取前表袋身布 A 上，距下緣 8cm 處畫一道平行線並找出中央點，將拉鍊對齊中央點，臨邊 0.5cm 車縫固定。

⓭ 口袋布翻下，將其餘三邊固定。

⓮ 裝飾布②，兩側各摺入 1cm 縫份後，車於 48cm 提把織帶上。

⓯ 依圖示距離車縫於袋身布 A 上。

6.5cm 6.5cm

A 上

A 下

⓰ A 上與 A 下正面相對車合。

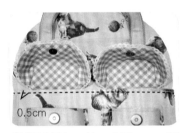

0.5cm

⓱ 縫份倒向下片，車壓 0.5cm 固定線。

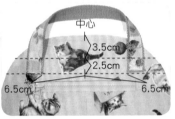

中心

3.5cm
2.5cm
6.5cm   6.5cm

⓲ 同步驟 14 將裝飾布③車縫於 30cm 提把織帶上，依圖示距離車於後袋身 A。用口袋布⑥於提把下 1cm 處平行車縫 15cm 一字拉鍊口袋。

⓳ 取減壓背帶布⑧⑨與後背帶用織帶，依【減壓後背帶示範作法】完成二條減壓後背帶，再如圖固定於袋身中央。

⓴ 提把蓋布⑦，上下各摺入 1cm 縫份後，再對摺、四邊車縫固定線。

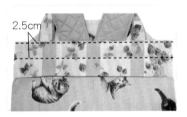

2.5cm

㉑ 依圖示車二條固定線，遮住提把與背帶之縫份，也做為拉鍊袋蓋。

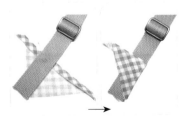

㉒ 將背帶固定布⑩對角線裁開，長邊摺入 1cm 縫份。放入背帶末端織帶後，對摺、車合。

7cm

㉓ 依圖示距離，將織帶固定於後袋身。剪去多餘的布料與織帶。

㉔ 組合前後表袋身。前後表袋身，先正面相對底部車合，翻正後，縫份倒向任一邊，車壓固定線。

製作側袋身

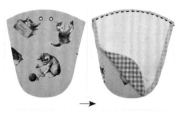

㉕ 束口袋表布 E，依記號點釘上雞眼釦。束口袋表裡布正面相對車合上緣。縫份剪鋸齒狀，翻正。

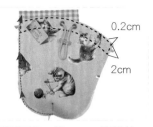

0.2cm
2cm

㉖ 正面壓車一道 0.2cm 臨邊線，距臨邊線 2cm 再車一道固定線。穿入束繩與束扣。接著與側身布 D，依圖示，先由下緣中央往上疏縫。

㉗ 另一側再由上往下疏縫。圓弧處用此縫法較不易失誤。完成二個側身束口袋。

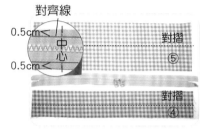

對齊線
0.5cm
中心
0.5cm
對摺
⑤
對摺
④

㉘ 於 40cm 拉鍊兩側平行畫出 0.5cm 對齊線。

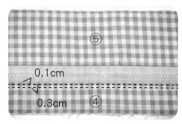

⑤
0.1cm
0.3cm
④

㉙ 拉鍊口布④、⑤對摺，順著對齊線、車固定於拉鍊兩側。

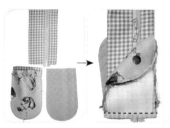

㉚ 取步驟 27 束口袋、與 1 片側袋身裡布 D，正面相對夾車拉鍊口布。

㉛ 再將束口袋、側袋身背面相對疏縫起來。另一側做法相同。側袋身完成。

製作裡袋身

㉜ 前、後袋身布，請自由設計喜歡的內口袋。再同步驟 24 組合袋身布。

㉝ 組合袋身。外袋身與裡袋身，背面相對，疏縫一圈車合。

㉞ 將疏縫好的裡外袋身與步驟 31 側袋身正面相對，沿邊車合。

㉟ 依【機縫滾邊法】車上滾邊斜布條⑪。最後翻回正面即完成。

法鬥犬
雙束口後背包

可愛的法鬥犬，
陪著我到處出遊。
特別的雙束口袋設計，
背出去是獨一無二，
貼心的袋蓋更具安全感呢！

Bag 完成尺寸：寬 38× 高 38cm

【裁布表】 （數字尺寸已含縫份；紙型未含縫份，需另加縫份。縫份：未註明 =1cm。）

部位名稱	尺寸（cm）	數量	備註
前、後表袋身布	① 40×40cm	2	
前、後裡袋身布	① 40×40cm	2	
袋蓋表、裡布	依紙型 A	2	表布燙襯
小束口袋布	② 25×40 cm	2	
裝飾布	③ 13×13 cm	2	
包扣布	直徑 5 cm 圓形	2	
	直徑 3 cm 圓形	2	

【其它材料】

★ 2 cm 織帶 ×90 cm
★ 2 cm 織帶用插扣 ×1 組
★ 2 cm 塑膠包扣 ×2 組
★ 束繩 546 cm

【裁布示意圖】 （單位：cm）

帆布（幅寬 114×40cm）

40 ① 表袋身布　40 ① 表袋身布　40　袋蓋 A

114

裝飾布 ③ ③ 13
13　13

圖案布（幅寬 110×65cm）

② 小束口袋布　② 小束口袋布　25
40 ① 裡袋身布　40 ① 裡袋身布　40
袋蓋 A

110

製作袋蓋

❶ 取 8 cm 織帶穿入插扣母扣後，對摺；車縫於袋蓋 A 的表布下緣中央。

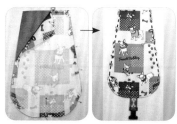

❷ 將袋蓋的表、裡布正面相對車縫 U 字形，並將圓弧處剪鋸齒狀後翻回正面。臨邊壓線一圈。

5cm
後表袋身

❸ 將袋蓋置中車於後表袋身之後，裁 20cm 織帶，頭尾對齊袋蓋邊緣一同車合。

4cm

❹ 取 40cm 織帶如圖距車上，遮掉袋蓋的縫份。

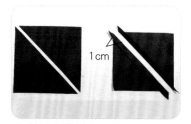

1cm

❺ 裝飾布③對半裁成三角形，再將最長邊之 1cm 縫份往內摺入。

後表袋身

❻ 取裝飾布 2 片，分別車固定於後表袋身之左、右下角；再裁 10cm 束繩 2 條、對摺後也分別車於左、右下角。後表袋身完成。

製作小束口袋

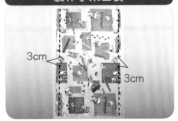

❼ 小束口袋布 2 片正面相對車合二側 2 側長邊,中間則留 3cm 不車合。車縫時要回針縫以防車線脫落。

❽ 將縫份燙開。此時就會發現中央有預留的缺口。

❾ 縫份二側壓車 0.5 ～ 0.7cm 的固定線。小秘訣:袋身不必翻正比較容易從頭至尾順順車縫。

❿ 換上下二側 (25cm 那側) 車合,但其中一側要留 8cm 返口。袋身四個角修剪縫份。

⓫ 由返口翻正後,車合返口。找出袋身中線 (如圖示),將有返口的半邊,當成裡袋身摺入表袋身中。

⓬ 距袋口 1.5cm 處,壓車一圈固定線。裁 63cm 束繩 2 條,分別由袋口二側的穿入孔穿入。

⓭ 剪去包釦腳。再縮縫大小各 2 個的圓形包釦布。

⓮ 將包釦放入包扣布後縮縫起來,大小包釦再夾縫束繩的尾端。完成小束口袋。

組合前表袋身

⓯ 22cm 織帶一端穿入插扣公釦後,反折7cm,用珠針固定好。再將其固定於袋身下緣中央,壓車 ∩ 型固定線。取 2 片裝飾布,分別車縫固定於袋身之左、右下角。

⓰ 取小束口袋車於袋身下緣中央往上10cm 處。車縫時,打開袋子,由裡袋身中央車縫直線固定,直線之開頭與結尾皆車成三角形 (較耐用),注意車縫時要避開織帶與束繩。

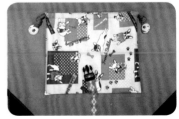

⓱ 車完後,正面看不到車縫固定線。

組合表裡袋身

❶❽ 取表裡袋身各 1 片，車合袋口縫份。

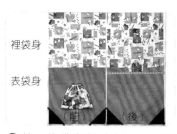

❶❾ 前、後袋身做法相同。再打開如圖。

❷⓪ 接著將二組袋身布，裡對裡，表對表正面相對車縫二側，其中間處各留 5cm 不車。車縫時皆要回針縫。

❷❶ 將縫份燙開。縫份二側壓 0.5 ～ 0.7cm 固定線。

❷❷ 車合表袋身底部與裡袋身底部，並於裡袋身底部留 15cm 返口。

❷❸ 修剪袋身四個角後，由返口翻回正面。車合返口，再將裡袋身摺入表袋身中。

❷❹ 將袋口整燙好。距袋口 2.5cm 處，壓車一圈固定線。

❷❺ 裁 200cm 束繩 2 條，分別由袋口二側穿入孔穿入。

❷❻ 將束繩尾端綁於袋角的束繩圈內。雙束口後背包完成。

一加一不等於二
多變狐狸包

包包的變形金剛，非狐狸包莫屬。
重裝與輕裝的變換，
絕對是出遊的最佳夥伴。

前面小包可以
拆開來單獨使用喔！

Bag 完成尺寸：長 28× 寬 11× 高 30cm

◖裁布表▶

（數字尺寸已含縫份；紙型未含縫份，需另加縫份。縫份：未註明 =1cm。）

部位名稱	尺寸（cm）	數量	燙襯（未註明 = 需要加縫份）	
表袋身				
前、後背心袋身	表：依紙型 A	2	✕ 防水布免燙	
	裡：依紙型 A	2	輕挺襯	縫份不燙襯
表前、後袋身	依紙型 B	2	✕ 防水布免燙	
表側袋身	依紙型 C	1	✕ 防水布免燙	
織帶飾布	①↔5cm✕↕25cm	2	✕ 防水布免燙	
拉鍊口布	②表↔30cm✕↕9cm	1	✕ 防水布免燙	
	②裡↔30cm✕↕9cm	1	薄襯	
滾邊布	③ 5cm✕66cm（直紋布可）	1	✕ 免燙	
裡袋身				
裡前、後袋身	依紙型 B	2	輕挺襯	
裡側袋身	依紙型 C	1	輕挺襯、中央再貼一層 14cm✕11cm 硬襯	註 步驟 27
裡後袋身口袋	④↔20cm✕↕40cm	2	薄襯	
二用造型手拿側背包（分離式）				
前袋身	依紙型 D	1	✕ 防水布免燙	
後袋身	依紙型 D	1	厚襯	縫份不燙襯
拉鍊口袋	⑤↔20cm✕↕30cm	2	薄襯	
手拿帶	⑥↔35cm✕↕4cm	1	✕ 防水布免燙	

◖其它材料▶

★ 5V 拉鍊 15cm✕2 條、25cm✕1 條。

★ 3 cm 織帶 110cm✕2 條、14cm✕2 條、10cm✕2 條。

★ 內徑 3.5cm 活動式圓環 ✕2 個、2.5cmD 環 ✕2 個、3 cm 日型環 ✕2 個、3cm 口型環 ✕2 個。

★ 2cm 皮條 40 cm✕1 條、皮尾束夾 ✕2 個。

★ 造型磁釦 ✕2 組、2cmD 環 ✕2 個、2cm✕5cm 皮片 ✕2 片、1 cm 手勾 ✕1 個。

★ 插式磁釦 ✕2 組。

★ 鉚釘 ✕ 數組。

◖裁布示意圖▶（單位：cm）

狐狸圖案防水布（幅寬 110cm✕35cm）

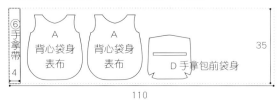

芥末黃防水布（幅寬 110cm✕40cm）

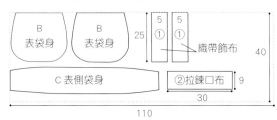

條紋棉麻布（幅寬 110cm✕60cm）

淺灰薄棉布（幅寬 90cm✕40cm）

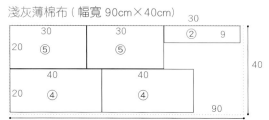

製作二用造型手拿側背包

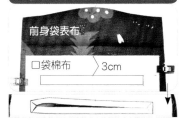

❶ 取口袋布⑤依紙型 D 位置，如圖距與前袋身 D 正面相對，車出拉鍊框。框中所畫 >------< 線條剪開，注意勿剪到縫線。

❷ 將口袋棉布由切口處拉至背面，整型。

❸ 在框內置中放上 15cm 拉鍊，車縫四邊固定。

❹ 口袋棉布往上對摺，避開袋身布，將口袋布的袋口車合。

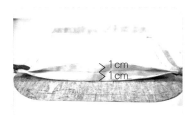

❺ 口袋布袋底抓中心線，二側各畫出 1cm 的線摺好固定。

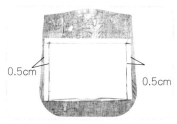

❻ 將口袋二側車縫合後，再修剪縫份留 0.5cm 即可。完成立體拉鍊口袋。

❼ 車縫袋身底的打褶處。

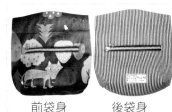

❽ 依上述步驟，另外完成後袋身。

❾ 組合袋身，將前後片袋身面相對，車縫一圈，袋底留 10cm 當返口。弧線處需剪牙口，再翻回正面，縫合返口

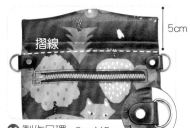

❿ 製作吊環，2cm×5cm 的皮片穿入 D 環後對摺，如圖距，釘於袋身兩側。

⓫ 依褶線記號往下摺，用夾子固定住，依紙型磁釦記號處畫出位置，利用工具打洞後，再鎖上母磁釦。請注意打的磁釦洞是穿過每層布片。

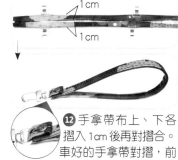

⓬ 手拿帶布上、下各摺入 1cm 後再對摺合。車好的手拿帶對摺，前端如圖利用鉚釘釦固定手勾環。

⓭ 完成好手拿包，可以利用 D 環扣上的手拿帶或是另製背帶做為側背包。

製作表袋身

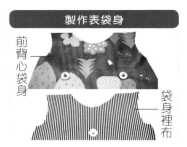

前背心袋身

袋身裡布

⓮ 前背心袋身表布 A 先依紙型的磁釦位置，裝入公磁釦。袋身裡布 A 則同樣先裝上另一組公磁釦。

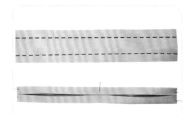

⓯ 製作背帶，將飾布①兩側往中間摺燙。

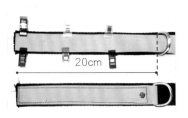

20cm

⓰ 如圖距，穿入 2.5cmD 環後、摺入上端、與 110cm 織帶車合起來。

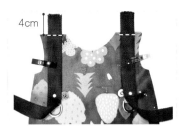

4cm

⓱ 織帶尾端留 4cm，疏縫於前背心袋身表布。

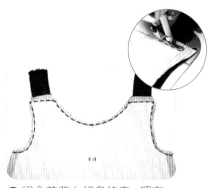

⓲ 組合前背心袋身的表、裡布，兩片正面相對，如圖車合。弧線處剪牙口。
註 用拉鍊壓布腳先將上端車合後，再車其它部位，布片較不會移動。

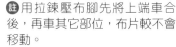

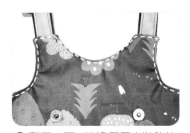

⓳ 翻回正面，沿邊壓固定裝飾線。

⓴ 取一片袋身表布 B，與背心袋身裡布正面相對齊，沿 U 型大針疏縫一圈固定後，在相對位置裝上母磁釦。

4cm

8cm

㉑ 後袋身 A 疏縫上織帶掛耳。上方用 14cm 織帶對摺；下方則用 10cm 織帶穿入口型環再對摺後，分別車縫於後袋身片兩側的相對位置上。

㉒ 再與另一片的袋身表布依步驟 20 組合，完成前後片背心袋身組。

㉓ 取側袋身表布 C，先與一片背心袋身正面相對，沿 U 型車合。另一片背心袋身，也依同法與 C 組合。

㉔ 弧線處剪牙口，織帶處另可剪小牙口即可。將袋身翻回正面。

㉕ 袋口先做一半的滾邊，滾邊布③前端先摺入 1cm，再與袋口正面相對，以縫份 1cm 車合一圈。

製作裡袋身

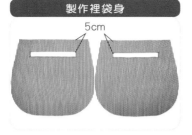

5cm

㉖ 裁好裡袋布 B，依自己喜好製作口袋，圖為 2 個有蓋口袋。注意口袋不要太靠近袋口，距離約 5cm。較方便取物。

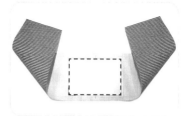

㉗ 加強袋底，將側袋身裡布 C 中央之硬襯四周加強車縫固定。

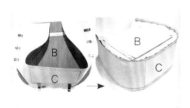

㉘ 依序組合裡袋身。

製作拉鍊口布

㉙ 拉鍊口布②表、裡布正面相對，於中央車一個 26cm × 1.5cm 的拉鍊框。並依框中所畫 >------< 線條剪開，請注意勿剪到縫線。

㉚ 將裡布塞入框中後、進行整燙，再將框內置中放上 25cm 拉鍊，車縫四邊固定。可車合 2 圈加強固定拉鍊。並將四周先疏縫。

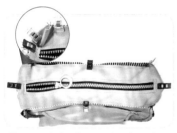

㉛ 與袋身組合。將拉鍊口布置於裡袋身口對齊四邊中點，遇到轉角處會自然多出多餘的角、此時再將多餘的角靠邊夾好即可。

㉜ 車合袋口一圈。請注意這多餘的角要與裡袋身的縫份錯開。

㉝ 修剪多餘的布邊。

㉞ 組合表裡袋身，將裡袋身放入表袋身中、夾好、袋口疏縫一圈固定。並接續步驟 25 做完滾邊處理。

㉟ 安裝背帶，後袋身織帶套入活動式圓環；前袋身背帶穿過活動式圓環。二條背帶分別穿入日環、穿入口環、再返回穿入日環、車縫固定起來。

㊱ 40 cm 皮帶頭尾皆夾好束夾，穿入 D 環，用鉚釘固定。即完成囉。

小桃氣三用包

成熟的黑色，
點綴些許的桃紅，
成熟又帶點稚氣。
多種背法
最適合喜愛變化的你。

Bag 完成尺寸：長 29 × 寬 8 × 高 29cm

可斜側背

可手提

◖裁布表◗ （數字尺寸已含縫份；紙型未含縫份，需另加縫份。縫份：未註明 =1cm。）

部位名稱	尺寸（cm）	數量	備註
表袋身			
表袋身	依紙型 A	1	
拉鍊擋布	①↔5cm×↕3cm	表 2	
		裡 2	
護角布	依紙型 B	2	
袋蓋	依紙型 B	表 1	與護角同紙型
		裡 1	
拉鍊口袋	②↔22cm×↕40cm	1	
裡袋身			
裡袋身	依紙型 A	1	
拉鍊口袋	②↔22cm×↕40cm	1	
開放口袋	③↔26cm×↕40cm	1	
滾邊布	④↔5cm×↕40cm	2	

◖其它材料◗

★ 5V 拉鍊 25cm×1 條、18cm×2 條。

★ 2.5 cm：織帶 8cm4 條、120cm×2 條。

★ 2.5 cm：D 環 ×4 個、日型環 ×2 個、手鈎 ×4 個。

★ 手提把 ×1 條，（請選方便鈎上手鈎的款式，如大圈圈）。

★ 撞釘磁扣 ×1 組、皮標 ×1 個、鉚釘 × 數組。

◖裁布示意圖◗（單位：cm）

桃紅色水玉布（幅寬 80cm×15cm）

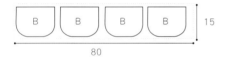

黑色防水布（幅寬 80cm×40cm）

粉紅格子布（幅寬 110cm×70cm）

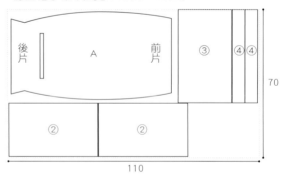

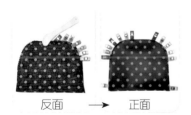

反面 ➞ 正面

❶ 製作袋底護角布，用點線器將二片 B 之縫份線壓深後，將縫份剪成鋸齒狀，並往內摺入。（可用骨筆輔助器助壓）再以強力夾固定縫份摺。

❷ 將二片護角布，依紙型 A 的指定位，車縫於表袋身 A。

❸ 再於表袋身後片，依紙型位置取 18cm 拉鍊與②口袋布，做出一字拉鍊口袋。

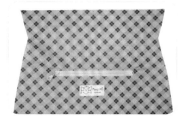

④ 取裡袋身的後片，同樣步驟3. 製作一字拉鍊口袋。

⑤ 裡袋身前片距上緣 6cm 處，以③口袋布，做出 20cm 寬之口袋。可參照【有蓋口袋製作法】

⑥ 取拉鍊擋布①，表裡夾車 25cm 拉鍊二端後，翻正面壓線。再取中心線。

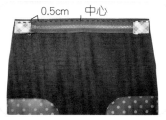

⑦ 接著將拉鍊先疏縫於表袋身前片並與其正面相對，其拉鍊邊緣距袋身上緣為 0.5cm。

⑧ 再與裡袋身前片正面相對一起夾車拉鍊後，翻回正面壓線。

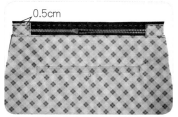

⑨ 拉鍊的另一邊則與表袋身後片正面相對，拉鍊先疏縫上。

⑩ 接著將裡袋身後片向上翻，與表袋身後片正面相對、對齊，夾車拉鍊。

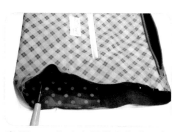

⑪ 翻正，此時表裡袋身為背面相對，再將表裡袋身 2 側對齊，用夾子珠針暫時固定。

⑫ 如圖擺放法，車壓拉鍊邊線固定。

⑬ 將袋身二側車成一圈。
註 是車成圓圈，而不是車平縫合哦！

⑭ 8cm 織帶穿入 D 環後對摺，共4 個，分別車於 25cm 拉鍊左右兩側邊、以及護角上方。

袋身上緣

山線
袋身中央、谷線
山線

⑮ 依紙型上的摺線位置，摺好袋身的山線、谷線，先以強力夾固定好，再一起疊起夾住。

⑯ 步驟 15 側身。

⑰ 取滾邊布④，將上下二端摺入。

⑱ 再參照（機縫滾邊法）在袋身左右兩側滾邊。

⑲ 從拉鍊口將袋身翻回正面，底角處要確實翻好，才會呈現底寬為 8cm 的三角形。

⑳ 製作袋蓋，將表裡袋蓋正面相對，上緣縫份摺入，車合 U 型。修剪縫份成鋸齒狀後、翻正，壓線。

㉑ 再釘上磁釦與皮標。

㉒ 袋蓋置中車於袋身上緣。再釘上提把。
註 袋蓋會連同前、後袋身一起車到。

㉓ 於相對位置釘上另側磁釦。

㉔ 製作背帶，用 120cm 織帶、日型環、手鉤，製作 2 條雙鉤頭背帶。

背帶鉤於袋身即完成。利用背帶的變化，可後背、斜背、手提。

可收納
束口後背包

輕便束口後背包，
造型可變身縮小，方便存放。
兩款顏色適合男生女生，
輕巧好收納，旅行的最佳選擇。

變身前。。。。

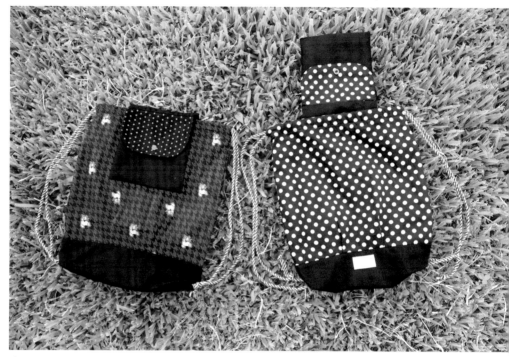

變身後。。。。

Bag 完成尺寸：長 29 × 寬 4 × 高 40cm

◤ 裁布表 ▸ (註：燙襯未註明＝不燙。紙型縫份外加 0.7cm，數字部份皆已含縫份 0.7cm。)

◤ 其它材料 ▸

★ 5mm 棉繩 190cmX2 條
★ 2.5cm 寬尼龍薄織帶 6.5cmX2 條
★ 12.5mm 彈簧壓釦 2 組

部位名稱	尺寸（cm）	數量	燙襯
表袋身			
袋身前片、後片	紙型 A	2	
袋底	紙型 B	1	
外袋蓋	紙型 C	表 1	厚布襯不含縫
		裡 1	
內袋身			
袋身裡布	①↔37.5cm×↕47.5cm	2	
內袋蓋	紙型 C	表 1	厚布襯不含縫
		裡 1	厚布襯不含縫
內口袋	②↔19.5cm×↕7.5cm	表 1	
	③↔19.5cm×↕38.5cm	表 1	
	④↔19.5cm×↕8.5cm	裡 1	
	⑤↔19.5cm×↕37.5cm	裡 1	

◤ 裁布示意圖 ▸ (單位：cm)

厚棉圖案布 (幅寬 110cm×52cm)

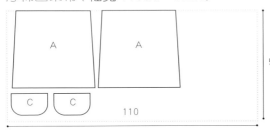

水玉薄棉裡布 (幅寬 110cm×50cm)

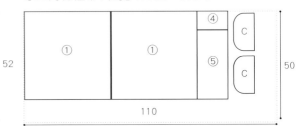

素色棉麻布 (幅寬 118cm×40cm)

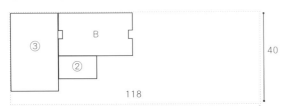

製作收納的內口袋

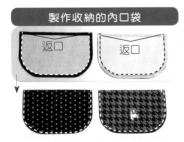

1 燙好襯的內、外袋蓋，表裡布正面相對車 U 型一圈後，翻回正面整燙，並壓 0.2cm 裝飾線。

2 取內口袋表布②與③夾車外袋蓋，外袋蓋裡布朝短邊②。內口袋裡布④與⑤另夾車內袋蓋。

3 翻回正面，袋蓋朝短邊翻，下方壓線 0.2cm。

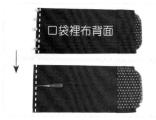

④ 口袋的裡布蓋到口袋表布上，正對正相對，車縫左側。並翻回正面壓線 0.2cm。

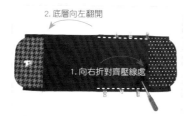

⑤ 將壓線處往右邊內袋蓋處摺，對齊內袋蓋下方，同時將底下口袋表布向左翻，疏縫口袋二側。

⑥ 再將左側之口袋表布向右蓋上對齊，正面相對車合二側。注意：將袋蓋往內折，小心不要車到袋蓋。

⑦ 從返口處翻面，整燙。

⑧ 口袋袋口中心下方及內袋蓋依圖示位置，裝上彈簧壓釦。

⑨ 翻到背面，在外袋蓋中心距邊端 2cm 處，裝上彈簧壓釦母釦。（注意釦子方向）

⑩ 完成內口袋。

製作外袋身

⑪ 表袋身前、後片分別於下方打摺處往中心折，疏縫固定。

⑫ 取袋身前片 A，打折處與外袋底 B 正面相對車縫固定，翻回正面，縫份朝袋底 B 倒，壓線 0.2cm。

⑬ 袋身後片 A，下方打折處對齊外袋底 B 另一邊，正面相對車縫固定，縫份往 B 倒，翻正壓線。

製作內袋身

⑭ 取內袋身裡布①一片，將製作好的內口袋置中疏縫固定於裡布上方。

⑮ 蓋上另一片裡布①正面相對，車縫袋底，縫份燙開。並分別於二片袋身裡布二側上方縫份下 5cm 做車縫止點記號，在沒口袋的那片袋身裡布標示 15cm 返口記號。

組合內外袋身

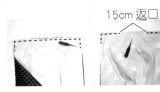

15cm 返口

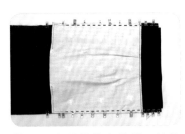

⓰ 將外袋身與內袋身正面相對，先車縫裡袋身有內口袋處的ㄇ形上方（只能車到止縫記號點）。另一邊ㄇ型，上方中心 15cm 返口處不車。

⓱ 由側邊將裡袋身掀開，使外袋身前、後片正面對正面，並從止縫記號點開始車縫固定袋身兩端。

⓲ 將裡袋身袋口處往表袋掀，裡袋身正面對正面，從止縫記號點車縫袋身二側固定。

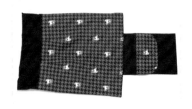

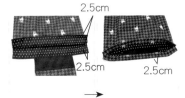

2.5cm
2.5cm
2.5cm

⓳ 從上方返口處翻面，四個角折好再翻出整燙，返口處縫份內折燙好。

⓴ 袋口兩端開岔處壓線 0.2cm。

㉑ 距上方袋口下 2.5cm 處畫折處記號線，再往內折燙。

㉒ 從裡面壓線一圈車縫固定，穿束繩兩端頭尾回針加強。

㉓ 將內袋底角整理好，縫份用錐子翻開。再穿出外袋底角處，對齊。

㉔ 車縫兩端底角，剪掉多餘縫份。6.5cm 尼龍包邊帶對折，車縫固定在兩端底角。

收納方式

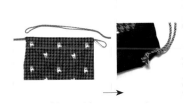

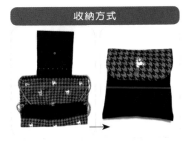

㉕ 將內袋翻出來，兩端袋底底角車縫 1cm 固定。翻面，完成袋身。

㉖ 袋口穿上束繩，袋底穿過打結，完成。

㉗ 將內口袋翻出來，內袋蓋收到袋子裡，再將袋身三折，左右再對折，即可收到口袋裡。

休閒運動隨身旅行包

帥氣的圓筒旅行包，運動的最佳夥伴。三種拿法多變換，內裝容量大，帶著全家一起去健身吧！

 完成尺寸：長 22×寬 22×高 50cm

◖裁布表◗

（註：燙襯未註明＝不燙。紙型縫份外加 0.7cm，數字部份皆已含縫份 0.7cm。）

部位名稱	尺寸（cm）	數量	燙襯
外袋身			
袋身表布	A↔71cm×↕31.5cm	1	
下配色表布	B↔71cm×↕6.5cm	1	
上配色表布	C↔71cm×↕16.5cm	1	
外拉鍊口袋布	①↔25cm×↕36cm	1	
袋底表布	紙型 D	1	
內袋身			
袋身裡布	②↔71cm×↕51cm	1	燙薄布襯上下兩邊不含縫（布襯 49.5cm×71cm）
袋底裡布	紙型 D	1	薄布襯含縫
內拉鍊口袋布	③↔26cm×↕36cm	1	薄布襯含縫

◖其它材料◗

★ 2.5cm 寬織帶：31.5cm×2、22.5cm×1。

★ 3.2cm 寬織帶：12cm×2、74cm×1、125cm×2

★ 2.5cm D 型環 2 個、3.2cm 旋轉鉤 2 個、
　 3.2cm 龍蝦鉤 4 個。

★ 3.2cm D 型環 3 個、3.2cm 日型環 2 個。

★ 18.5cm 金屬拉鍊 1 條、20cm 尼龍拉鍊 1 條。

★ 9mm 蘑菇裝飾釦 6 組、8mm 固定釦 4 組。

★真皮皮標 6.5cm×2cm 1 片、0.5cm 寬皮條 26cm 1 條。

◖裁布示意圖◗（單位：cm）

8 號防潑水帆布（藍）（幅寬 110cm×40cm）

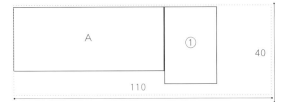

8 號防潑水帆布（咖）（幅寬 110cm×25cm）

水玉棉布（幅寬 118cm×60cm）

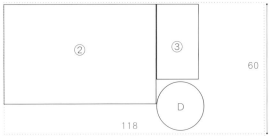

製作外袋身

❶ 將袋身表布 A 與配色表布 B，二片正面相對車縫，翻回正面縫份往 B 倒，正面壓線 0.2cm。

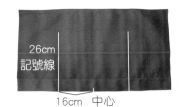

❷ 中心左右各 16cm 處，向上畫 26cm 記號線。

❸ 取 2.5cm 寬織帶，31.5cm 長 2 條，上方分別內折 4cm 套入 D 環。依圖示對齊記號線，沿邊壓線車縫ㄇ型固定。（上方來回車縫三次加強固定）

④ 依圖示位置，在二邊織帶上各釘上 3 個蘑菇裝飾釦，共 6 個。

> 2.5cm
> 2.5cm
> 2.5cm

⑤ 取 3.2cm 寬織帶 12cm 長兩條對折套入 3.2cm D 環，依圖示車縫固定。

⑥ 再將織帶下方畫 1cm 記號線，依圖示位置，車縫固定於表袋身下面兩側。

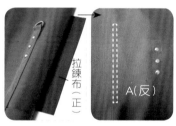
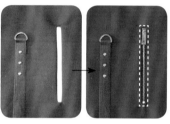

⑦ 翻到背面，表布 A 中心右側 7cm 處畫 18.5cm×1cm 框型，開一字拉鍊口袋。

⑧ 再將拉鍊口袋布①放置表布 A 後方，口袋布上方離拉鍊口約 2.5cm 並朝外側，用珠針固定，正對正車縫框型一圈。

⑨ 將拉鍊框中間 Y 字剪開，將口袋布從洞口翻過來，用骨筆刮順。再將拉鍊頭朝上放置，壓線 0.2cm 車縫一圈固定拉鍊。

⑩ 翻到背面將拉鍊口袋布對折，距布邊 1.5cm 車縫固定口袋布三邊。

⑪ 於表袋 A 上方中心右側圖示位置，釘上裝飾皮片。

⑫ 將主袋身對摺，正面相對車縫固定，並將縫份打開用骨筆刮順。

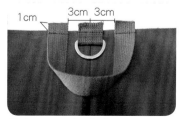

製作袋口布

⑬ 翻正面，由中心車縫線左右各 3cm 處，標示提把織帶位置。

⑭ 將 2.5cm 寬織帶 22.5cm 長，依圖示位置車縫固定主袋身上方。另取 7cm 長的 3.2cm 寬織帶套入 D 環，對摺車縫固定於中心。

⑮ 配色表布 C 扣除二邊縫份後，分四等份找出三點記號位置。

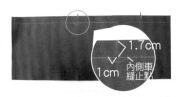

⑯ 上方距布邊 1.7cm 處畫一織帶車縫記號線。並在兩側記號位置點左右各 1cm 標示扣環織帶車縫位置，間隔共 2cm。

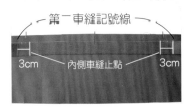

⑰ 3.2cm 寬 74cm 長織帶取中心點，對齊表布 C 中心，平放織帶對齊車縫記號線，標出兩端內側車縫記號線，並各往外 3cm 畫出第二道車縫記號線。

⑱ 先車縫中段，沿邊車縫 0.2cm 至兩邊內側止縫線，車縫一圈。兩邊內側止縫線需來回車縫加強固定。

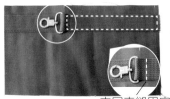

⑲ 先將右側織帶套入 3.2cm 旋轉鉤，織帶上的 3cm 記號線對齊表布 C 的 2cm 外側記號點。沿邊車縫 0.2cm 至止縫線，車縫一圈。共完成左右二邊。

⑳ 將表布 C 對折，車縫短邊。

㉑ 縫份打開刮順，正面相對，套入主袋身上方。對齊中心縫份處後，車縫一圈。

㉒ 將袋口向上翻回正面，縫份倒向表布 C，壓線 0.2cm。

㉓ 接縫袋底，將袋底 D，找出 4 個中心點。再與表袋身下方正面對正面平均分配，用強力夾固定後，車縫袋底一圈。

㉔ 翻回正面，將袋底扣環織帶往上，並用固定釦固定於袋身。完成外袋身。

製作裡袋

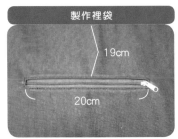

㉕ 取口袋布③於袋身裡布②依圖示位置開一字拉鍊口袋。

㉖ 將袋身裡布對摺，正面對正面車縫固定，縫份燙開。

㉗ 再將袋底裡布與袋身裡布，正面相對車縫一圈。

組合內外袋

28 將內袋身套上外袋身，正面相對，表裡袋中心縫份對齊。

返口

29 強力夾固定好袋口，車縫袋口一圈。前方中心留返口15cm不車。

30 從返口將外袋身翻出來。並將袋口及返口縫份整好。

31 從後方中心點位置開始將袋口壓線壓0.2cm一圈，將返口一起壓住。

製作背帶

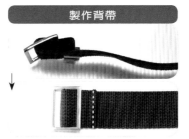

32 取3.2cm寬125cm長織帶，從日環後方由上往下套入日環，前端內折1cm，來回車縫三次加強固定。

33 依圖示，將織帶先套入龍蝦鉤，再穿入日環。織帶另一端再套入龍蝦鉤，同樣內折1cm，來回車縫加強固定。需製作兩條背帶。

34 0.5cm寬皮條26cm，兩邊剪斜角，將皮條對摺穿過拉鍊頭做裝飾。完成。

可後背、手提、單肩背、斜背…多變化背法～。

悠遊散步
隨行包

 完成尺寸：長 21× 寬 8× 高 32cm

寧靜午後，
享受悠閒散步好時光……
想不想為你心愛的他
縫製一組專屬的情侶包呢？

裁布表 （ 紙型縫份外加 0.7cm，數字部份皆已含縫份 0.7cm）

部位名稱	尺寸（cm）	數量	燙襯
表袋身			
袋身前片	紙型 A	1	不燙襯
袋身後片	紙型 B	1	不燙襯
口袋前片	① ↔23cm× ↕18.5cm	表 1 裡 1	薄布襯含縫
口袋後片	② ↔23cm× ↕23.5cm	表 1	薄布襯不含縫
	③ ↔23cm× ↕20.5cm	裡 1	薄布襯不含縫
拉鍊擋布	④ ↔3.5cm× ↕3.2cm	表 2 裡 2	不燙襯
裝飾袋蓋	紙型 C	表 2	厚布襯不含縫
		裡 2	不燙襯
拉鍊口布前片	⑤ ↔37cm× ↕4.5cm	表 1	不燙襯
		裡 1	輕挺襯含縫
拉鍊口布後片	⑥ ↔37cm× ↕5cm	表 1	不燙襯
		裡 1	輕挺襯含縫
裡袋身			
內袋身	紙型 D	1	輕挺襯含縫
後貼式口袋	⑦ ↔23cm× ↕35.5cm	1	薄布襯含縫
前拉鍊口袋	⑧ ↔20cm× ↕32cm	1	薄布襯含縫

其它材料

★ 5 號尼龍碼裝拉鍊：20cm×1、38cm×1、拉鍊頭 ×3。
★ 3 號尼龍碼裝拉鍊：20cm×1、拉鍊頭 ×1。
★ 1.4cm 寬蕾絲：23cm×1。
★ 3.2cm 寬織帶：13cm×2、90cm×2。
★ 14mm 撞釘磁釦一組。
★ 3.2cmD 型環 ×2、3.2cm 日型環 ×2。
★合成皮連接下片 (寬 1.9cm 長 6.3cm)× 2 片。

★ 12.5mm 牛仔釦 ×2 組。
★皮標 ×1、6mm-5 鉚釘 ×4 組。
★植鞣皮片 0.9cm×6cm 2 條、 8mm-6 鉚釘 ×2 組。
★ 19mm 寬皮條：20cm×1。
★ 20mm 口型環 ×2、8mm-8 鉚釘 ×4。

裁布示意圖 (單位：cm)

8 號防潑水帆布 (黑)(幅寬 110cm×50cm)

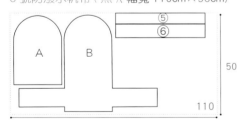

兔子棉麻布 (幅寬 110cm×20cm)

配色格子棉麻布 (幅寬 110cm×25cm)

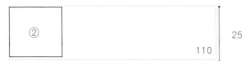

灰薄棉裡布 (幅寬 114cm×75cm)

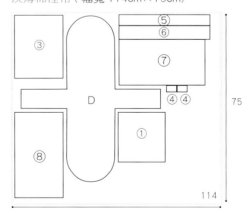

條紋厚棉布 (20cm×14cm)

製作袋身前口袋

❶ 20cm5 號碼裝拉鍊二端用拉鍊擋布④表、裡夾車後,翻正壓線。

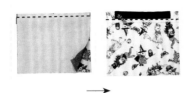

❷ 口袋前片①表、裡布正面相對夾車拉鍊,翻回正面,連同蕾絲一起車縫壓 0.2cm。

❸ 口袋後片表布②與裡布③正面相對,夾車拉鍊另一邊。

❹ 翻回正面,將口袋後片表布②對齊下方蕾絲邊遮住拉鍊,用熨斗燙出折痕。

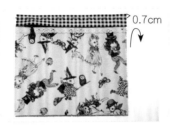

❺ 再將口袋後片②表布沿著拉鍊上方往後翻折,於上方壓線 0.7cm。

❻ 完成之前口袋下緣對齊袋身前片 A 下方,上方兩側用強力夾固定,再將口袋往上掀,將底下口袋後片表布②下方車縫固定在袋身前片上。

❼ 口袋後片依圖示位置安裝磁釦公釦,並將表裡一起固定。再於表袋身前片 A 依圖示位置安裝磁釦母釦。

❽ 疏縫口袋三邊並於上方標示位置釘上皮標。

製作表袋身

❾ 將車好口袋的袋身前片 A 與袋身後片 B 正面相對車縫。縫份倒向袋底,翻回正面壓固定線。

❿ 袋蓋 C 表裡正面相對,車縫圓弧處,並用鋸齒修剪縫份。翻回正面壓線,一共要完成二片。

⓫ 袋蓋分別置中對齊表袋身兩側邊車縫固定,並翻開袋蓋,於側身安裝牛仔釦公釦。

製作背帶

⓬ 13cm 織帶 2 條分別套入 D 環車縫固定。織帶下方 1.5cm 處以 60 度畫斜線。再分別固定於袋身後片 B 兩側。

⑬ 2 條 90cm 織帶分別先套入日型環車縫固定，再依序穿入 D 環及日環。

⑭ 將織帶固定於袋身後片中心上方。(註：背帶可依個人喜好修改為單肩背。)

⑮ 拉鍊口布後片表布⑥與袋身後片 B 上方車縫固定。口布二端縫份點對應車縫到紙型標示記號位置處。

⑯ 拉鍊口布前片表布⑤與袋身前片 A 上方車縫固定，口布二端縫份點對應車縫到紙型標示記號位置處。

⑰ 用骨筆將拉鍊口布接合處壓平順，整理袋型。

製作裡袋身

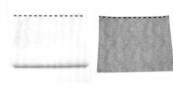

⑱ 貼式口袋⑦正面相對，對折車縫。翻回正面於袋口折線處壓 0.2cm(接縫處在下方)。

⑲ 再將口袋車縫固定於內袋身 D 後片下方位置。

⑳ 20cm 的 3 號碼裝拉鍊和前拉鍊口袋⑧，於內袋身 D 前片開 16cm 一字拉鍊口袋。

㉑ 拉鍊口布前片裡布⑤、後片裡布⑥，分別車縫在裡袋身的前、後袋身上方處。口布兩端縫份點對應車縫到紙型標示記號位置處。並將口布接合處用骨筆刮順。

組合表裡袋身

㉒ 碼裝拉鍊 38cm，拉鍊一邊與拉鍊口布前片表布疏縫固定，拉鍊正面朝表布正面。

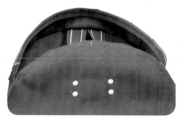

㉓ 另一側的拉鍊與拉鍊口布後片對應夾好，拉開拉鍊，將拉鍊疏縫固定在口布後片上。

㉔ 將拉鍊口布後片裡布與口布後片表布，正面相對，夾車拉鍊車縫固定。

㉕ 翻回正面，縫份處用骨筆刮順，壓線 0.2cm。

㉖ 同步驟 24～25 夾車另一側拉鍊口布。翻回正面壓線，並從拉鍊兩端裝上拉鍊頭對拉。

㉗ 從側邊將裡袋小心翻出，注意拉鍊頭尾兩端不要拉開。

㉘ 組合側身表袋。表袋側身片對齊袋身的前、後片，正面相對車合。上方只能車到縫份點。

㉙ 再車縫上方兩側，分別車縫約 2cm，中段先不車。

㉚ 另一邊表袋側身同樣方法車縫固定。

返口

㉛ 裡袋側邊以同樣方法與內袋前後片兩側車合。其中一側需留返口。

㉜ 再將步驟 29 中段未車合處，表裡袋身一起車縫固定。

㉝ 從返口翻回裡袋身正面。返口縫份內折，藏針縫縫合。

㉞ 將袋身翻回正面。二側袋蓋上依標示位置釘上牛仔釦母釦。

㉟ 將拉鍊頭釘上皮片，尾端剪斜角。

㊱ 20cm 皮條，二端分別套上口型環，內折 2.5cm 用鉚釘固定，再穿過連接下片後，固定於口布後片中心左右各 8cm 處。完成。

輕旅率性
後背包

防潑水尼龍布讓陰天不再是煩惱，
搭配皮革的巧妙變化，
休閒又不失時尚感。
輕巧方便的束口後背，
貼心的減壓背帶設計，
絕對是少不了的！

 完成尺寸：長 31 × 寬 15 × 高 42cm

◀裁布表▶

（註：燙襯未註明 = 不燙襯。紙型縫份外加 1cm，數字部份皆含縫份 1cm）

部位名稱	尺寸（cm）	數量
外袋身		
表袋身後片	紙型 A	1
後片裝飾布	①↔33cm×↕5cm	1
後片拉鍊口袋布	②↔34cm×↕21cm	表1 裡1
拉鍊袋 B	B1↔26cm×↕6cm	表1 裡1
	B2↔26cm×↕16cm	表1 裡1
	B3↔26cm×↕22cm	裡1
拉鍊擋布	③↔3cm×↕5cm	表2 裡2
拉鍊袋 C	C1↔26cm×↕40cm	裡1
	C2↔26cm×↕27cm	表1
鎖匙扣環布	④↔4cm×↕19.5cm	1
吊飾布	⑤↔4cm×↕4cm	1
側身	⑥↔18cm×↕44cm	2
側口袋 D	D1↔24cm×↕25cm	表2
	D2↔24cm×↕22cm	裡2
側身裝飾布	⑦↔18cm×↕5cm	2

部位名稱	尺寸（cm）	數量	燙襯
袋底	紙型 E	1	
袋底裝飾布	紙型 E（註）	1	
提把裝飾布	⑧↔12cm×↕5cm	1	
背帶布	⑨↔9.5cm×↕46cm	2	
背帶裝飾布	⑩↔29cm×↕5cm	1	
袋蓋	紙型 G	表1	厚布襯 不含縫
		裡1	
內袋身			
裡袋身前片貼邊	⑪↔58cm×↕5cm	1	
裡袋身前片	⑫↔58cm×↕41cm	1	
裡袋身後片貼邊	紙型 A1	1	
裡袋身後片	紙型 A2	1	
內口袋	⑬↔33cm×↕66cm	1	
袋底	紙型 E	1	

（註：此袋底裝飾布可依個人需求或所選布料斟酌使用。）

◀其它材料▶

★ EVA 軟墊：依紙型 F 裁剪（不含縫）×2 片。

★ 1.3cm 龍蝦勾 1 個、1.3cm D 型環 1 個、
固定釦 8-8mm×1、固定釦 8-12mm×2。

★ 2.5cm 織帶：19.5cm×1、25cm×1、50cm×2、
53cm×2、20.5cm×1。

★ 2.5cm 梯扣 ×2、2.5cm 插扣 ×1。

★ 5 號尼龍碼裝拉鍊：21cm×2、26cm×1、
拉鍊頭 ×3。

★ 3mm 棉繩 100cm×1 條、橢圓繩釦 ×1、
束尾珠 ×2、10mm 雞眼釦 ×14 組。

◀裁布示意圖▶（單位：cm）

防潑水尼龍布（咖）（幅寬 140cm×90cm）

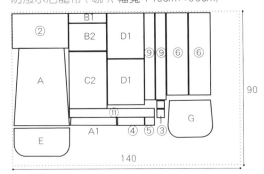

防潑水尼龍布（裡）（幅寬 130cm×100cm）

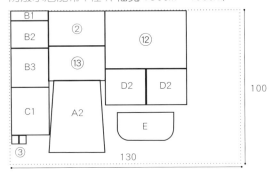

皮革布（幅寬 110cm×30cm）

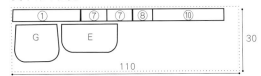

製作袋身前拉鍊雙層口袋

❶ 拉鍊擋布③表裡夾車 21cm 碼裝拉鍊二端,翻正壓線。續用拉鍊袋 B1 的表、裡布正面相對夾車拉鍊上方,縫份車縫 0.7cm,翻正壓線。

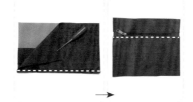

❷ 拉鍊袋 B2 的表、裡布正面相對夾車拉鍊下方,縫份車縫 0.7cm。翻正壓線。

❸ 底層放上拉鍊袋 B3 裡布,其正面對口袋裡布,疏縫四周,完成拉鍊袋 B。

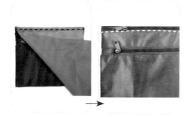

❹ 將拉鍊袋 B 上方與 C1 裡布正面相對夾車 26cm 碼裝拉鍊,縫份車 0.7cm。翻正壓線。

❺ 將 C1 往後折對齊拉鍊上方,再放上表布 C2 正面相對夾車拉鍊,縫份車縫 0.7cm。

❻ 車縫後,C2 背面縫份往下 5cm 處畫記號線,上方貼上水溶性膠帶。黏貼處往下對齊記號線黏貼。

❼ 翻回正面,拉鍊上方 2.5cm 處壓線固定拉鍊。

❽ 鎖匙扣環布④以四折法壓線車縫,套入龍蝦鉤後,前端內用固定釦固定。並疏縫於內層口袋裡布 C1 上方。再將口袋二側疏縫固定。

❾ 吊飾布⑤以四折法壓線車縫,對折套入 D 型環,車縫固定於拉鍊口袋 2.5cm 壓線處上方。

製作側身鬆緊口袋

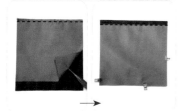

❿ 側口袋 D1、D2 表裡布正面相對車縫。翻回正面,下方布邊對齊,縫份倒向裡布,沿裡布邊壓線 0.2cm。

⓫ 口袋下方先疏縫固定。中心點左右各 3cm 做記號,往中心打摺,疏縫固定。

⓬ 鬆緊帶 15cm,前後 1cm 作不車記號線,穿入口袋洞口。將二側鬆緊帶車縫固定,完成鬆緊口袋。

記號線

3cm

13 側身⑥依圖示在底下3cm處畫記號線，再將鬆緊口袋袋底對齊記號線，疏縫固定。

14 側身裝飾皮片⑦對齊記號線車縫固定。並於正面壓線0.2cm。將口袋二側與袋底下方疏縫固定。共完成兩組側身。

組合前外袋身

15 將二組側身分別與袋身前片兩側正面相對車合。完成外袋身前片。

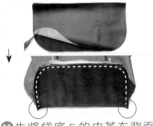

16 先將袋底E的皮革布背面與表布正面相對，疏縫一圈，再與外袋身前片袋底車縫固定，兩端都只能車到縫份點。

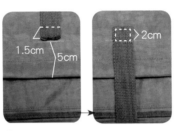

1.5cm 5cm 2cm

17 固定扣帶。前片拉鍊口袋中心上方5cm位置畫記號線。取織帶19.5cm依圖示車縫固定。再將織帶往下車縫口型加強固定。

18 再穿入插扣。織帶尾端內折1cm(折2次)，車縫固定。

製作後片側拉鍊袋

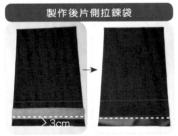

3cm

19 後片裝飾片①依圖示位置正面相對對齊記號線，車縫固定於表袋身後片A下方。翻正壓線並將三邊疏縫固定。

8cm

20 表袋身後片A背面依圖示位置畫15X2cm框型記號。

15cm

21 後片拉鍊口袋表布②由中間15cm畫二側記號線。

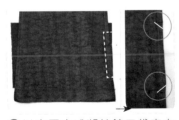

22 以水平方式將拉鍊口袋表布②放置後片A後方正面相對，右邊對齊記號線，用珠針固定後，車縫框線。修掉多餘的邊，轉角處依圖示剪牙口。

23 翻回正面。車縫上21cm碼裝拉鍊。

24 翻到背面，放上後片拉鍊口袋裡布②，將口袋表裡正面相對，車縫口袋上下兩側(注意不要車到下面的表袋身後片)。

製作提把與背帶

㉕ 翻回正面，疏縫固定兩側，修剪掉多餘口袋布。

10cm
7.5cm

㉖ 25cm 織帶，取 10cm 做記號點。提把皮片⑧兩端內折 1cm，置中車縫二邊。將皮片縫份內折以布用雙面膠帶固定，對折後將中間壓縫 7.5cm，再以固定釦固定二端。

㉗ 背帶布⑨正面一端夾入 50cm 織帶，依圖示車縫固定後，再依紙型 F 畫上弧度。沿著弧度車縫，並修剪兩邊多餘的角。

㉘ 翻回正面，將 EVA 軟墊從織帶和縫份下方塞入。塞入時要將兩側背帶布往中心折，強力夾先固定。再沿邊車縫 0.3cm 壓線固定。

㉙ 依圖示套入梯扣。

1.5cm

㉚ 接著將織帶往上折，置中對齊，前端留 1.5cm，先用強力夾固定。再沿著織帶邊車縫 0.2cm 固定。一共要完成二條。

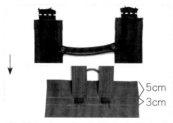

5cm
3cm

㉛ 提把與兩條背帶上方邊緣對齊，疏縫固定。再將背帶正面對著表袋身後片正面，依圖示位置車縫固定於上方。

5cm

㉜ 背帶裝飾皮片⑩對齊記號線，正面相對車縫。再往下翻，縫份內折，正面壓線 0.2cm 固定。

1cm

㉝ 53cm 織帶 2 條，先 60 度角畫第一道記號線，上移 1cm 畫第 2 道記號線。對齊表袋後片下方，第 2 道記號線對齊邊緣，疏縫固定。

㉞ 織帶另一端依圖示套入背帶下方梯扣。尾端要內折 2 次 1cm 車縫固定。

1.5cm
14cm

㉟ 20.5cm 織帶下方內折 3.5cm 套入插扣，再依圖示車縫在袋蓋裡布上。

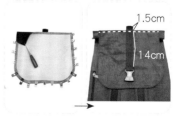

1.5cm
14cm

㊱ 將袋蓋表布與袋蓋裡布正面相對，車縫圓弧處，翻正壓線並疏縫在表袋身後片上方。

組合外袋身

37 表袋身後片與前片正面相對，兩側從袋身上方開始車到下方縫份點。

38 再將下方車縫固定，完成外袋身。

製作內袋身

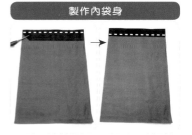

39 將裡袋身後片與貼邊正面相對車縫固定，縫份倒向貼邊，壓線 0.2cm。裡袋身前片與貼邊同作法。

40 內口袋布 ⑬ 背對背對折，於上方 1.5cm 處壓線，再穿入 27cm 鬆緊帶，車縫固定。將口袋疏縫固定於裡袋身後片。

41 將裡袋身前片與袋底裡布正面相對車縫固定。兩端只車到縫份點。

42 於裡袋身前後片貼邊處 2.5cm 先標出記號線，往下間隔 0.5cm。再將裡袋身後片與袋底夾好，點到點車縫固定袋底。

43 車縫二側邊，其中間預留 0.5cm 穿繩洞口不車外（前後記得回針），其它車到底。

44 內袋身翻回正面，縫份打開，上方貼邊處壓線 0.2cm。完成內袋身。

組合內外袋

返口

45 內袋置入外袋中，正面相對沿袋口車縫一圈，其袋口前方留 15cm 返口不車。

46 利用返口將棉繩從內袋貼邊預留 0.5cm 洞口穿入及穿出，並將袋口處整理好，縫份內折壓線 0.2cm 一圈。

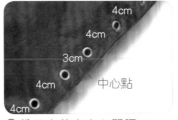

47 袋口由前方中心間隔 3cm，左右各打一個雞眼後，往後再每間隔 4cm 打雞眼釦。全部一共 14 顆。

48 將剩餘的棉繩依序穿入雞眼釦。裝上橢圓繩釦及束尾珠。完成。

小巧玲瓏
隨身後背包

可愛小巧的造型，抓皺布面的曲線，
營造精緻高級的時尚感，
皮件與帆布的交織，
幻化成美麗小巧玲瓏包。

 完成尺寸：長 20×寬 14×高 18cm

裁布表

（紙型縫份外加 0.7cm，數字部份皆已含縫份 0.7cm。）

部位名稱	尺寸（cm）	數量	燙襯
表袋身前片、後片	紙型 A	2	
表袋側身	紙型 B	2	
袋蓋	紙型 C	2	
後飾布	①↔21cm×↕5cm	1	不燙襯
扣環布	②↔4cm×↕8cm	3	
裡袋口袋布	③↔19cm×↕19cm（口袋上方靠布邊裁剪）	1	
內袋身	紙型 D	1	

其它材料

★ 2cm D 型環 ×3、2cm 日型環 ×2、
  2cm 龍蝦鉤 ×4、2cm 口型環 ×2。
★ 1.9cm 寬皮條：90cm×2、17cm×1。
★ 8mm-10 鉚釘 ×6 組、8mm-12 鉚釘 ×2 組、
  9mm-12 蘑菇固定釦 X4 組、6mm-6 鉚釘 X4 組。
★雙面真皮固定式古銅書包釦（4.8×7cm）×1 組。
★皮標 ×1。
★合成皮連接下片（寬 1.9cm 長 6.3cm）×2 片。

裁布示意圖 （單位：cm）

8 號防潑水帆布（幅寬 110cm×80cm）

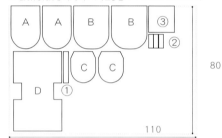

製作表前袋身

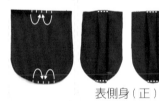

表側身（正）

❶ 表袋側身 B 上下方依紙型標示記號位置，往中心打摺疏縫固定。共完成二片側身片。

❷ 將袋身前片 A 與二片側身片 B 左右分別正面相對，側身 B 中心對齊前片 A 紙型標示記號處，車縫固定。

製作袋身後片

返口

❸ 袋蓋 C 二片，正面相對車縫固定，上方留返口。圓弧縫份剪鋸齒狀，再翻回正面，壓線 0.2cm。

❹ 接合袋蓋與袋身後片 A。袋蓋依圖示位置，置中對齊車縫固定。

❺ 後飾布①二側折出 1cm 縫份，依圖示位置將其固定於袋身後片。

❻ 扣環布三條，分別將兩側往中心折，於兩邊壓線 0.2cm。

❼ 扣環布套入 D 型環，一條車縫固定於圖示中心位置。

❽ 將後飾布往上翻，縫份內折 1cm，於正面上下壓線 0.2cm。另二條扣環布則車縫於下方左右二側標示位置。

❾ 將前後袋身正面相對，兩側身中心分別對齊後片記號位置處，車縫固定。

❿ 再將中間未車縫處，以點到點，車縫固定。

⓫ 袋底縫份打開，翻回正面將圓弧處縫份用骨筆刮順，整理袋型。

製作裡袋身

> 1.5cm

⓬ 口袋布③上方袋口縫份 1.5cm 作折處記號（袋口處為布邊），餘三邊車縫 Z 字拷克。

18cm

⓭ 口袋布袋口縫份內折 1.5cm，正面壓 0.2cm 及 1cm 裝飾線，再將二邊縫份內折 1cm。下方則對齊內袋身 D 圖示記號線位置車縫固定。

0.2cm
0.5cm

⓮ 再將口袋往上折，先於外圍壓線 0.2cm 車縫固定，再往內壓線 0.5cm。

⓯ 內袋身 D 對摺，正面相對車縫兩側固定。

⓰ 縫份打開，再將兩邊底角車合。

組合表裡袋身

返口

⓱ 將裡袋身套上表袋身，沿袋口車縫一圈，後方留 15cm 返口。

從返口翻回正面，將袋口整好，返口處縫份內折，袋口壓線 0.2cm 一圈。

❶❾ 袋口二側依圖示位置做記號打洞。

❷⓪ 先將前方兩側用蘑菇釘固定，再將後方側邊用蘑菇釘固定，共四處。

❷❶ 袋蓋安裝書包釦上釦，再找出下釦適當位置固定完成。

❷❷ 袋蓋書包釦上方1cm處，可釘上皮標。

製作背帶

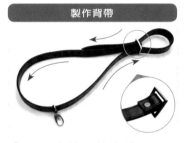

❷❸ 90cm皮條一端穿過日型環中，內折2.5cm，用鉚釘固定，再依圖示先套入龍蝦鉤，再穿回日型環。

❷❹ 最後於另一端套入另一個龍蝦鉤，內折2.5cm用鉚釘固定，共完成兩條。

❷❺ 將兩條背帶依圖示鉤在包包後方。

製作提把

❷❻ 17cm皮條兩端內折2.5cm，穿入口型環用鉚釘固定。

❷❼ 口型環套入連接下片皮片，置於袋蓋兩側，對齊後飾布邊緣，做出提把位置的記號點。再連袋口一起打洞。

❷❽ 用鉚釘固定提把，連袋口一起固定。

❷❾ 完成。

時尚典雅
二用包

黑白風車紋，
搭配皮革設計，
最具典雅及時尚元素。
可肩背或交叉後背，
變換造型 隨你心情！

Bag 完成尺寸：長 29 × 寬 11 × 高 30cm

107

◀裁布表▶

（註：燙襯未註明 = 不燙襯。紙型縫份外加 0.7cm，數字部份皆已含縫份 0.7cm。）

部位名稱	尺寸（cm）	數量	燙襯
外袋身			
表袋身前片、後片	①↔39.5cm×↕31.5cm	2	
前口袋	②↔22.5cm×↕15.5cm	表1裡1	
拉鍊擋布	③↔3.2cm×↕3cm	2	
扣環布	④↔4cm×↕4.5cm	2	厚布襯 2cm×4.5cm
袋底	紙型A	1	厚布襯不含縫
裡袋身			
裡袋身貼邊	⑤↔29.5cm×↕4.5cm	4	
裡袋身	紙型B	2	
內口袋	⑥↔23cm×↕50cm	1	
拉鍊擋布	⑦↔3.2cm×↕3cm	2	

◀其它材料▶

★ 19mm 寬皮條：110cm×2 條、7cm×2 條。

★ 2cm 口環 ×4、2cm 日型環 ×2。

★ 18mm 撞釘磁釦 1 組。

★ 5 號金屬碼裝拉鍊：18cm×1、22cm×1、24cm×1、拉鍊頭 ×3。

★ 2.5cm 寬包邊條：80cm×1。

★ 3mm 棉繩 80cm×1。

★ 8mm 固定釦 ×4 組。

◀裁布示意圖▶（單位：cm）

風車圖案毛絨布（幅寬 110cm×32cm）

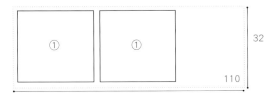

黑色皮革布（幅寬 110cm×30cm）

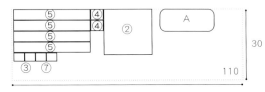

豹紋尼龍布（幅寬 110cm×65cm）

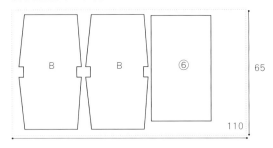

黑色尼龍布（幅寬 110cm×16cm）

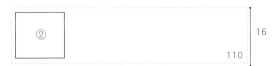

製作拉鍊口袋

❶ 碼裝拉鍊 18cm，前後端拔齒為 15cm，兩端車上拉鍊擋布③。

❷ 拉鍊擋布往後折，於正面壓線。

❸ 將拉鍊置中疏縫於前口袋布②上方，表裡布依圖示車縫ㄇ型夾車拉鍊。

1.5cm　　　1.5cm

④ 翻回正面，上方拉鍊夾車處壓線 0.2cm，下方表裡疏縫固定。兩側 1.5cm 處做記號線。

⑤ 將兩邊記號線處折壓 0.2cm。

13.5cm
18cm

⑥ 依圖示畫記號線，再將口袋拉鍊另一側正面對齊袋身前片①圖示位置，車縫固定拉鍊。

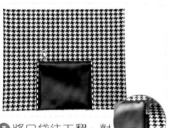

⑦ 將口袋往下翻，對齊兩邊的記號線，壓線 0.2cm 車縫固定口袋兩側。

製作外袋身

21cm

⑧ 7cm 皮條兩條，下折 3cm，套入口型環，分別車縫固定於表袋身後片圖示位置，再釘上固定釦。

⑨ 扣環布兩片，中心燙厚布襯。將兩端內折，翻回正面兩端壓線 0.2cm。

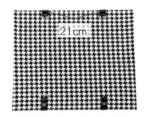

21cm

⑩ 分別套入口環，固定於表袋身後片上方圖示位置。

⑪ 表袋身前片與後片，正面對正面，車縫兩側。

⑫ 袋底包繩，先把 80cm 包邊條夾入棉繩，縫份 0.5cm 疏縫固定。頭尾留 5cm 先不車，再置於袋底 A 疏縫，車到尾端重疊部分，將多餘棉繩剪掉，車合剩餘部分。

⑬ 表袋身與袋底 A，正面對正面，組合車縫固定。

⑭ 翻回正面，完成外袋身。

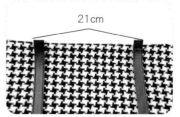

21cm

⑮ 兩條 110cm 皮條固定於外袋身前側上方圖示位置。

製作內袋

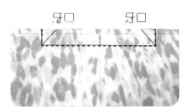

16 取袋身裡布 B，上方中心依圖示畫 18×2.5cm 記號線。口袋布⑥放置後方，上方置中對齊，正面相對沿記號線車縫。並依圖示剪牙口，翻回正面。

17 碼裝拉鍊 22cm，兩端拔齒為 18cm，並將拉鍊上方對齊布邊，壓線車縫固定拉鍊。

18 翻到背面，將口袋布往上折，對齊上方邊緣。口袋布兩側車縫固定。

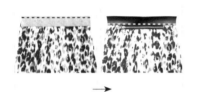

19 翻回正面，將裡袋身貼邊⑤，與裡布 B 上方正面相對車縫固定。縫份倒向貼邊，壓線 0.2cm。

20 再完成另一邊貼邊車縫。

21 於兩邊裡袋身貼邊中心圖示位置，安裝磁釦。磁釦背面可用布襯及皮革加強固定。

22 裡袋身對折，正面對正面，車縫裡袋身兩側。

23 將兩邊底角車縫起來，完成內袋身 B1。

24 碼裝拉鍊 24cm，兩邊拔齒為 22cm，兩端用拉鍊擋布⑦包起來（同步驟 1、2）。再與另一片裡布 B 與貼邊⑤正面相對夾車拉鍊。

25 縫份往貼邊倒，壓線 0.2cm。

26 裡布 B 另一邊與另一片貼邊，同樣正面相對夾車拉鍊另一邊。

27 縫份往貼邊倒，壓線 0.2cm。

㉘ 將內袋身兩側邊，對齊車縫固定。並將底角車合，完成內袋身 B2。

組合內外袋

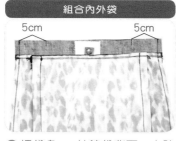

5cm　　　5cm

㉙ 裡袋身 B1 拉鍊袋背面，由貼邊兩邊縫份往內 5cm 處做記號止縫線。

㉚ 將外袋身置入裡袋身 B1 中套合，裡袋身 B1 拉鍊袋那面對著外袋身後片，記號止縫線對齊外袋身兩端縫份處。

㉛ 用強力夾固定，再沿著圖示虛線車縫。

註 起點從縫份點開始車縫，車縫時記得外袋身縫份往上方倒不要車到。車到另一邊縫份止點時，縫份往下倒，不要車到縫份，記得回針。

㉜ 車縫完從中間返口翻回正面。邊緣從兩端縫份點到點壓線 0.2cm。完成前袋身。

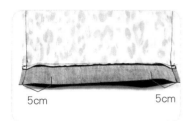

5cm　　　5cm

㉝ 續將裡袋身 B2，貼邊兩端縫份向內 5cm 做記號止縫線。

㉞ 將步驟 32 的外袋身置入裡袋身 B2 內（注意拉鍊頭方向），套合用強力夾固定。一樣從止縫點到點車縫，記得回針，不要車到縫份。

㉟ 翻回正面，沿著袋口邊緣從縫份點到點壓線 0.2cm。

㊱ 再將中間返口縫份內折，用強力夾固定。並從點對點壓線 0.2cm 車縫返口。

製作背帶

㊲ 將前方兩條背帶交叉穿入後方口環。

㊳ 依圖示先穿入日環，再套入下方口環，最後穿回日環中心。尾端用固定釦固定。即完成。

擁抱夏天
海洋風後背包

Bag 完成尺寸：長 30×寬 18×高 43cm

夏天一定要有一個
海洋風格後背包。
海灘河邊戲水，
就讓它陪你，
一同創造美好的假期。

作法 / how to make

◖裁布表◗ （註：燙襯未註明 = 不燙襯。紙型縫份外加 0.7cm，數字部份皆已含縫份 0.7cm）

部位名稱	尺寸（cm）	數量	燙襯
表袋身			
表袋前片	①↔61.5cm×↕41.5cm	1	
表袋後片	②↔29cm×↕41.5cm	1	
後拉鏈口袋布	③↔29cm×↕41.5cm	表 1 裡 1	薄布襯含縫
前貼邊	④↔61.5cm×↕9.5cm	1	厚布襯含縫
後貼邊	⑤↔29cm×↕9.5cm	1	厚布襯含縫
前口袋	紙型 A	2	輕挺襯 27cm×24.5cm 一片
袋底	紙型 B	1	厚布襯含縫
袋蓋	紙型 C	2	厚布襯含縫
拉鍊擋布	⑥↔5.5cm×↕4cm	2	
背帶布	⑦↔11cm×↕46.5cm	2	
出芽布	⑧ 2.5cm ×90cm(斜布紋)	1	
背帶連接布	紙型 D	2	薄布襯含縫
裡袋身			
內袋前片、後片	紙型 E	2	輕挺襯含縫
內口袋布	⑨↔25cm×↕38cm	1	薄布襯含縫

◖其它材料◗

★ EVA 軟墊：4cm×43.5cm×2 片。
★ 5 號尼龍碼裝拉鍊：22cm×1、24cm×1、拉鍊頭 ×2。
★ 3 號尼龍碼裝拉鍊：24cm×1、拉鍊頭 ×1。
★ 5mm 自然風棉繩：90cm×2、150cm×1。
★ 17mm 雞眼釦 ×20 組。
★ 3.2cm 寬織帶：8cm×2、25cm×1、50cm×2。

★ 3.2cm D 型環 ×2、3.2cm 日型環 ×2。
★ 10mm 蘑菇釘 ×4 組。
★真皮調整式包扣磁釦 (3.5×12cm) 一組。
★出芽用 3mm 棉繩：90cm。
★皮標 ×1、6mm-5 鉚釘 ×4 組。

◖裁布示意圖◗ (單位：cm)

藍條紋防潑水帆布 (幅寬 110cm×65cm)

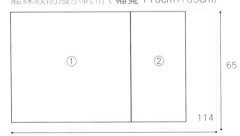

海洋風帆布 (幅寬 110cm×60cm)

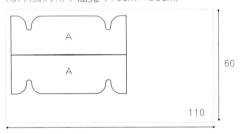

深藍素棉麻布 (幅寬 118cm×72cm)

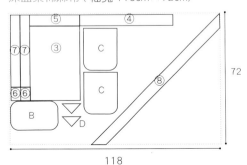

薄棉布 (幅寬 110cm×90cm)

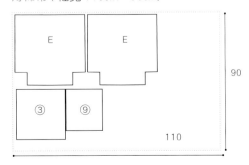

114

製作前口袋與側口袋

1 前口袋表布 A 一片中間位置燙上輕挺襯。

2 5 號碼裝拉鍊 22cm 兩端用擋布⑥將拉鍊頭尾包覆。擋布上方縫份先內折 0.7cm 與拉鍊車縫固定，再往後折再將縫份內折壓線固定。

3 將拉鍊與前口袋A正面相對，置中疏縫於 A 上方。

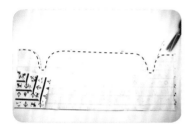

4 蓋上前口袋裡布 A，表、裡布正面相對，上方車縫固定，圓弧處修剪縫份。

5 口袋布翻回正面。上方壓線0.2cm，另三邊則疏縫固定。

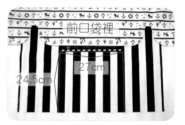

6 表袋前片①，下方中間先畫出 24.5×27cm 的記號框，再與前口袋拉鍊的另一邊對齊記號線車縫固定。

7 於紙型標示位置，兩邊側口袋安裝雞眼釦，兩邊共 12 個。

8 口袋布底端對齊表袋前片底，口袋兩側對齊表袋的記號框，車縫固定。再將兩邊側口袋下方打折固定，其它三邊做疏縫。PS.皮標可先於圖示位置釘上，再疏縫三邊。

製作背帶與提把

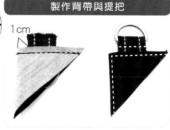

9 車縫連接布 D，8cm 織帶套入 D 環車縫固定，再與背帶連接布夾車，翻面壓線。

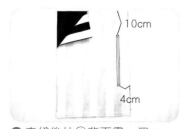

10 表袋後片②背面畫一個 20cm 的一字拉鍊框。將拉鍊口袋布③表布置於後方，正面相對車縫拉鍊框，並依圖示 Y 字剪開翻正，開一字拉鍊口。

11 車縫上 24cm 的 5 號碼裝拉鍊。再將織帶連接布疏縫固定於表袋後片下方。

12 拉鍊口袋③的裡布置於下方，正面相對，四周疏縫固定。

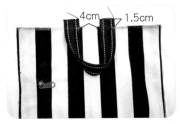

13 車縫上提把。25cm 織帶，持出 1.5cm 固定於表袋後片上。

14 製作 2 條背帶⑦，將短邊縫份內折 1cm 後，正面相對，對摺長邊車縫，再將背帶布翻回正面。

15 藉由短邊返口，塞入 EVA 軟墊，將軟墊包在縫份內。

16 50cm 的織帶先穿過日環車縫固定，再套入 D 環及日環，最後將織帶插入背帶中車縫固定。

17 二條背帶，分別由中心車壓一直線。再將背帶上方車縫固定於提把兩側。

製作袋蓋

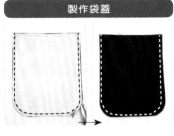

18 將袋蓋 C 二片正面相對車縫 U 型，圓弧處修剪縫份。翻面整燙，壓線 0.2cm。

19 再疏縫於表袋後片上方。

組合表袋身

20 表袋前片與後片，正面相對車縫兩側成筒狀。

21 袋底 B 車縫出芽一圈。（參考包繩法）

22 袋底與袋身組合車縫一圈，再將袋身翻回正面。

23 製作貼邊，將前、後貼邊布④、⑤正面相對車縫兩側，再將縫份燙開。並將貼邊背面相對燙對摺。

24 將貼邊打開，套入表袋上方，正面相對車縫一圈固定。（注意貼邊前後位置）

㉕ 縫份往貼邊倒，正面沿車縫邊壓線固定。

㉖ 棉繩 90cm 二條分別穿入兩邊口袋雞眼洞，再將繩尾打個結。於口袋兩側再釘上蘑菇固定釦。

製作裡袋身

㉗ 製作內袋口袋，取 3 號碼裝拉鍊 24cm 於內袋後片 D 開 20cm 一字拉鍊口袋。

20cm 返口

㉘ 內袋前、後片正面相對車縫兩側，一側留 20cm 返口，將縫份燙開。再車縫袋底，縫份燙開，並將袋底與底角分別車合。

組合表、裡袋身

㉙ 表袋身置入裡袋身，正面相對套入，袋口車縫一圈固定。

㉚ 由返口將袋身翻回正面，並沿貼邊折線處壓線一圈。

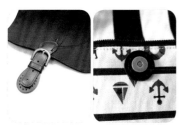

㉛ 於袋蓋及袋身標示位置，縫上磁釦皮片。

10cm　17cm　10cm

㉜ 貼邊袋口，依圖示距離畫出雞眼釦位置，前、後 4 個。共 8 個雞眼。

㉝ 由前方中間依續穿入 150cm 棉繩，兩端繩尾打一個結。

㉞ 返口縫份以藏針縫合。即完成。

學院風
帆布後背包

時下最流行的方形後背包款，
率性又夾雜些許的文學氣息，
怎麼能少了這麼一個包款呢！

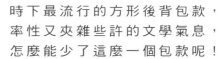

打開袋蓋，
還有前拉鍊口袋喔。

Bag 完成尺寸：長 30× 寬 9× 高 31cm

裁布表

（紙型縫份外加 0.7cm，數字部份皆已含縫份 0.7cm）

部位名稱	尺寸（cm）	數量	燙襯
表袋身			
表袋身前片	紙型 A	1	小燙襯
表袋身後片	紙型 B	1	厚布襯 3×3cm2 片
袋底	C1↔10.5cm×↕36.5cm	1	
側身	C2↔10.5cm×↕29.5cm	2	
拉鍊口布	①↔29.5cm×↕5cm	4	
前口袋表布	②↔27.5cm×↕17.5cm	1	不燙襯
前口袋側身	紙型 D	正1反1	
前口袋裡布	紙型 E	1	
拉鍊擋布	③↔3cm×↕4cm(長邊處靠布邊裁剪)	2	
背帶扣環布	④↔4cm×↕8cm	2	
內袋身			
裡袋前片、後片	紙型 F	2	厚布襯含縫
裡袋側身	⑤↔10.5cm×↕88cm	1	厚布襯含縫
內袋蓋	紙型 G	1	
前片貼邊	⑥↔31.5cm×↕3.5cm	1	不燙襯
側身貼邊	⑦↔10.5cm×↕3.5cm	2	
拉鍊口袋布	⑧↔20cm×↕32cm	1	薄布襯含縫
立體口袋布	紙型 H	1	薄布襯含縫

其它材料

★雙面合成皮包釦（寬 1.9cm 長 19cm）兩組。
★合成皮連接下片（寬 1.9cm 長 6.3cm）兩片。
★19mm 皮條：30cm×2，90cm×2，19cm×1。
★半圓拉鍊尾皮片（寬 3.7 長 3cm）兩個。

★2cm 線型口型環、D 型環、口型環、針釦、束尾夾各 2 個。
★8mm-8 鉚釘 14 組。　★蕾絲：35cm×1。
★3 號尼龍碼裝拉鍊：20cm×1，拉鍊頭 ×1。
★5 號尼龍碼裝拉鍊：37cm×1，18cm×1，拉鍊頭 ×2。

裁布示意圖（單位：cm）

8 號防潑水帆布（幅寬 110cm×90cm）

花卉薄棉布（幅寬 114cm×90cm）

製作立體口袋

❶前口袋表布②背面依圖示間隔距離，左右各折車 1cm 固定。

❷縫份往中心倒，正面壓線 0.2cm。

❸再與前口袋側身 D 圓弧邊正面相對車縫固定。

④ 縫份往中間倒，正面壓線 0.2cm。

⑤ 由背面修剪縫份。

⑥ 將前口袋裡布 E，二側摺角車合，並修剪縫份。

布邊

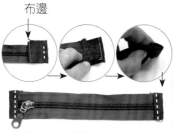

⑦ 18cm 的碼裝拉鍊，二側用擋布③包縫固定，再由正面壓線固定。（注意擋布對齊位置及方向）

⑧ 將拉鍊置中車縫固定在前口袋表布上方。縫份 0.7cm。

返口

⑨ 蓋上前口袋裡布 E，兩側底角縫份左右錯開，車縫一圈固定。拉鍊處上方中心留 15cm 返口不車。

7cm
4cm

⑩ 翻回正面，將拉鍊處返口縫份內折，於正面壓線，並依圖示位置，縫上皮包釦母釦。

22cm
3cm
22cm
3cm
15cm

⑪ 在表袋身前片 A 畫出口袋車縫記號框，上方記號線再往下畫出 0.7cm 縫份線。將前口袋拉鍊處對齊 0.7cm 縫份線車縫固定。

⑫ 將口袋往下翻，對齊二側記號線，先壓線 0.2cm 車縫固定口袋兩邊。

⑬ 再將口袋側身往內凹，口袋下方壓線 0.2cm 車縫固定。

製作表袋身

表袋底 C1（正）

| 側身 C2 | 側身 C2（反） |

⑭ 表袋底 C1 兩側分別與側身 C2，正面相對車縫。縫份往袋底倒，翻面壓線。

⑮ 表袋身前片與側身，正面相對車縫固定，縫份往表袋前片倒，並於袋身前片正面壓線。

⑯ 表袋身後片 B 車縫記號止縫點處燙上 3×3cm 厚布襯加強，再將記號止縫點畫出來。

⑰ 背帶扣環布④兩側往中心折，並壓線固定。套入 D 型環，前後錯開 0.7cm。短邊朝內，固定在表袋身後片 B 下方兩側轉角處。

⑱ 表袋身前、後片正面相對，車縫固定。兩端只能車縫到記號止縫點。

⑲ 在表袋身後片記號止縫點處剪牙口。完成外袋身組合。

製作內袋

⑳ 取 3 號碼裝拉鍊 20cm 與拉鍊口袋布⑧，於裡袋後片 F 上開 16cm 一字拉鍊口袋。

2.5 2.5

㉑ 立體口袋布 H 背面相對對折，袋口車縫蕾絲裝飾。口袋中心左右各間隔 2.5cm，壓線 0.2cm 車縫立體折線。

㉒ 將後片後方拉鍊口袋布往上翻，再將立體口袋車縫中線固定於裡袋後片上。兩邊立體折線往中線折，並疏縫口袋三邊。

㉓ 拉鍊口布①頭尾縫份內折，夾車 37cm 碼裝拉鍊。翻正壓線固定。

㉔ 步驟 22 的裡袋後片和內袋蓋 G，正面相對夾車拉鍊口布。

㉕ 縫份往袋蓋倒，正面壓線 0.2cm。

㉖ 拉開另一邊拉鍊口布，裡袋前片則和前片貼邊⑥，正面相對夾車拉鍊口布另一邊。縫份往貼邊倒，壓線 0.2cm。

㉗ 裡袋側身二端分別與側身貼邊⑦正面相對車縫固定，縫份往貼邊倒，翻正壓線。並將裡袋側身與裡袋前片，正面相對車合。

28 裡袋側身另一邊再與裡袋後片正面相對車縫固定。二端只能車到縫份止縫點。

止縫點

29 背面內袋蓋縫份止點處剪牙口。

組合表裡袋身

30 將表袋身和內袋身正面相對套入。先車縫袋蓋圓弧處。兩端都只能車到止縫點。(注意不要車到側身縫份)

縫份內折

31 再將表裡袋側身後方縫份內折，前方縫份錯開，車縫固定表裡袋身袋口，前方中心留 25cm 返口不車。

32 從返口翻回正面，返口縫份內折用強力夾固定，沿著袋蓋及袋口壓線一圈。

製作背帶

33 30cm 皮條兩條，3cm 處先用皮帶斬打洞穿上針釦，用鉚釘固定。再用鉚釘將皮條固定在袋身後方 D 環。

34 將皮包釦公釦上方內折 2.5cm，套入線型口型環，固定在袋蓋上。

35 90cm 皮條二條前端內折 3cm，固定在皮包釦口型環另一邊。

36 19cm 皮條兩端內折 3cm，套入口型環，用鉚釘固定，製作提把。

往上 11cm 處 ── 一起與袋蓋用鉚釘固定

4cm

37 90cm 皮條由口型環往上 11cm 處打孔。再將提把用連接下片一起將皮條固定在袋蓋上。往上 4cm，用鉚釘再次固定皮條。

38 皮條尾端 15cm 處開始每間隔 2.5cm 往上打孔，共打 4 個孔。將皮條穿過另一邊的針釦。尾端用束尾夾收尾固定。

39 袋口碼裝拉鍊裝上拉鍊頭。再將頭尾縫上拉鍊皮片，完成。

卡哇伊貓頭鷹
圓弧D金後背包

來自為您的孩子縫製一個
卡哇伊的貓頭鷹圓弧口金後背包吧！
舒適的減壓背帶，貼心多口袋設計，
方便使用的圓弧拉鍊開口，
小孩一定愛不釋手。

 完成尺寸：長 29× 寬 17× 高 39cm

裁布表

（紙型縫份外加 0.7cm，數字部份皆已含縫份 0.7cm）

部位名稱	尺寸（cm）	數量	燙襯
表袋身			
袋身前片（上）	紙型 A	1	厚布襯含縫
袋身前片（下）	①↔25.5cm×↕23cm	裡 1	
袋身後片	紙型 B	1	
側身	紙型 C	2	不燙襯
袋底	紙型 D	1	輕挺襯不含縫
前貼式口袋	②↔28.5cm×↕23.5cm	表 1	薄布襯含縫
	③↔28.5cm×↕19.5cm	裡 1	薄布襯含縫
側身口袋	④↔24cm×↕21cm	表 2	厚布襯含縫
	⑤↔24cm×↕18.5cm	裡 2	薄布襯含縫
拉鍊擋布	⑥↔5.5cm×↕3.2cm	2	不燙襯
袋蓋口袋布上片	紙型 E1	1	不燙襯

部位名稱	尺寸（cm）	數量	燙襯
表袋身			
袋蓋口袋布下片	紙型 E2	裡 1	薄布襯含縫
袋蓋口袋布前片	紙型 E3	1	不燙襯
後側口袋布	⑦↔21cm×↕46.5cm	1	
背帶布	⑧↔11cm×↕46.5cm	2	
口金穿入布	紙型 G	4	厚布襯含縫
織帶連接布	紙型 H	2	不燙襯
內袋身			
裡袋身前、後片	紙型 F	2	輕挺襯含縫
拉鍊口袋布	⑨↔25cm×↕40cm	1	薄布襯含縫

其它材料

- ★ 5 號尼龍碼裝拉鍊：22cm×1、48cm×1、拉鍊頭 ×3。
- ★ 3 號尼龍碼裝拉鍊：24cm×1、拉鍊頭 ×1。
- ★ 半圓拉鍊皮尾（3×3.7cm）×2 入。
- ★ 3.2cmD 型環 ×2、3.2cm 日型環 ×2。
- ★ EVA 軟墊：4cm×43.5cm 二片

- ★ 3.2cm 寬織帶：25cm×1、8cm×2、40cm×2。
- ★ 14mm 撞釘磁釦一組。
- ★ 固定式古銅插釦（4.8×7cm）一組。
- ★ 1cm 寬鬆緊帶：15cm×2 條。
- ★ 30cm 圓弧支架口金一組。

裁布示意圖 （單位：cm）

貓頭鷹圖案布（幅寬 110cm×72cm）

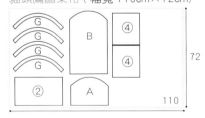

水玉棉布（幅寬 114cm×80cm）

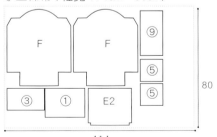

紅色帆布（幅寬 114cm×55cm）

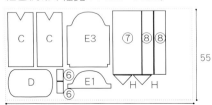

製作前口袋

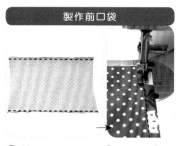

❶ 前貼式口袋表布②、裡布③，正面相對，上下車縫再翻面置中整燙，將縫份往表布倒，口袋上方落針壓線固定袋口。

❷ 將貼式口袋下方車縫固定在袋蓋口袋布 E3 紙型標示位置上，兩側疏縫固定。

❸ 拉鍊擋布⑥兩端縫份內折，將 22cm 碼裝拉鍊頭尾包起後，取袋蓋口袋布 E1、E2，正面相對夾車拉鍊，縫份往 E2 倒，壓線 0.2cm。完成口袋後片。

❹ 將袋蓋口袋布前片與口袋後片正對正，車縫袋蓋圓弧處，修剪縫份。

❺ 翻回正面壓 0.2cm，並將四個底角各別車縫起來，注意底角只能車到縫份止點。接著將四個底角縫份轉角處剪牙口，縫份燙開。

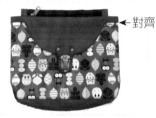

❻ 袋蓋下折對齊貼式口袋口，將口袋三邊表裡袋疏縫。安裝插釦。

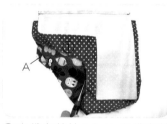

❼ 表袋身前片（上）A 與袋身前片（下）①，正面相對，夾車口袋拉鍊另一邊。

❽ 掀開口袋與表袋身前片（上）A，縫份往袋身前片（下）①倒，壓線 0.2cm。

❾ 先將口袋下方與袋身前片（下）①下方疏縫固定，再疏縫口袋兩側。

製作側鬆緊口袋

❿ 將兩片側身 C 的上方折角先車縫固定，縫份燙開。

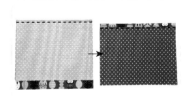

⓫ 側身口袋表布④、裡布⑤，正面相對車縫固定。將口袋下方表裡布對齊，縫份往裡布倒，壓線 0.2cm。

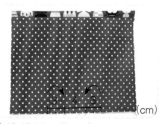

⓬ 續將側口袋三邊疏縫，袋底依圖示間隔做折線記號，並往中間打折，疏縫固定。

127

⑬ 將口袋上方穿入 15cm 鬆緊帶車縫固定,再與步驟 10 的表側身 C 對齊下緣後車縫固定。

製作一字開放口袋

⑭ 表袋後片 B 與後側口袋布⑦,依紙型標示位置車縫一字口袋記號框,口袋布上方需預留 8cm。並將記號框中間 Y 字剪開。

⑮ 將口袋布翻出來整燙,先往上 0.5cm,再下折對齊口袋口,蓋住袋口,再往上折後,將口袋布折燙好。

⑯ 從正面沿著口袋框壓線 0.2cm。

⑰ 後方口袋布上折對齊,將口袋布三邊車縫起來。

製作提把與背帶

⑱ 製作提把,25cm 織帶取中間 10cm 對折車縫固定。再把提把固定於後片中心上,中間間隔 4cm。並依紙型標示位置安裝口袋磁釦。

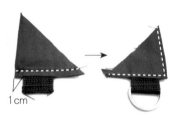

⑲ 8cm 織帶套入 D 環車縫固定。再與織帶連接布夾車,翻面壓線。

⑳ 織帶連接布固定於後片兩側下方紙型標示位置處。40cm 織帶一端先套入日環車縫固定,再依圖示穿入 D 環及日環。

㉑ 背帶布⑧一端縫份先內折燙 1cm 後,正面相對,對折車縫。翻面整燙,塞入 EVA 軟墊,將軟墊一端包在內折縫份內。

㉒ 織帶前端 1.5cm 做記號,插入背帶布中,壓線車縫固定。並將背帶中心壓線固定軟墊。

㉓ 再將背帶上方固定於提把兩端。完成表袋身後片。

組合表袋身

㉔ 二片側身 C 與表袋前片兩側,正面相對,車縫固定。釘上皮標,再與表袋後片兩側車縫固定成筒狀。

㉕ 表袋身縫份往側身倒,與袋底正面相對車縫一圈固定。

㉖ 口金穿入布兩端縫份內折壓線固定。再兩兩正面相對,上方圓弧處夾車拉鍊兩邊。再由正面壓線 0.2cm,並將下方圓弧處疏縫固定。

預留返口處縫分車縫 0.7cm

㉗ 口金穿入布疏縫固定於表袋身上方前後片,但前片返口預留位置處,口金穿入布縫份需車縫 0.7cm 車縫固定。

製作裡袋身

㉘ 取拉鍊口袋布⑨,先於裡袋後片 F 依紙型標示位置開 20cm 一字拉鍊口袋。

㉙ 裡袋前片與後片正面相對車縫袋底。縫份燙開,於袋底正面接合處兩邊壓線 0.2cm。

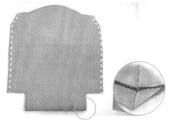

㉚ 前片與後片正面相對車縫袋身兩邊,縫份燙開。再將袋底底角車合。

組合表裡袋身

㉛ 內袋翻回正面置入外袋身內,正面相對車縫袋口固定,預留返口處不車。

㉜ 從返口處翻回正面,將返口處內袋縫份內折,於正面壓線 0.2cm 一圈,一起將返口處壓線固定。

㉝ 從拉鍊兩端裝上拉鍊頭對拉。修剪多餘的拉鍊,尾端縫上皮片裝飾。

㉞ 穿入圓弧口金,將兩邊口金穿入孔捲針或藏針縫起來。

㉟ 完成。

幾何多漾
後背包

可以深入底部的袋蓋夾層，
絕對是少見的包款結構。
拉鍊夾層搭配束口開口，
增加安全與便利性。

背部提把及背帶，
都做了加強的設計喔！

Bag 完成尺寸：長 29× 寬 11× 高 39cm

◀裁布表▶ （紙型縫份外加 0.7cm，數字部份皆已含縫份 0.7cm。）

部位名稱	尺寸（cm）	數量	燙襯／備註
表袋身			
表袋身袋蓋後片	紙型 A	表 1	不燙襯
		裡 1	薄布襯含縫
表袋身袋蓋前片	紙型 B	表 1	不燙襯
		裡 1	薄布襯含縫
表袋前片	E1↔53cm×↕33.5cm	1	厚布襯含縫
上方配色布	E2↔53cm×↕7.5cm	1	不燙襯
下方配色布	E3↔53cm×↕6.5cm	1	不燙襯
拉鍊口袋布	①↔55cm×↕30cm	2	薄布襯含縫
織帶連接布	紙型 C	2	不燙襯
袋底	紙型 D	1	不燙襯
內袋身			
內袋前片	②↔53cm×↕38.5cm	1	薄布襯含縫
內口袋	③↔33cm×↕16cm	1	不燙襯
筆插布	④↔9cm×↕4.5cm	1	不燙襯
袋底	紙型 D	1	厚布襯不含縫
包邊條	⑤ 4.5cm×90cm(斜布紋)	1	不燙襯

◀其它材料▶

★ 水桶包束繩 100cm1 條、(3×2.5cm) 水桶包束套 1 個。
★ 17mm 雞眼釦 8 組。18mm 撞釘磁釦一組。
★ 5 號尼龍碼裝拉鍊 54cm×1、5 號拉鍊頭 ×2。

★ 3 號尼龍碼裝拉鍊 23cm×2、拉鍊頭 ×2。
★ 3.2cm 織帶：180cm×1、23cm×1、8cm×2。
★ 3.2cm 口型環 2 個、3.2cm 日型環 2 個。

◀裁布示意圖▶ (單位：cm)

幾何圖案布 (幅寬 110cm×60cm)

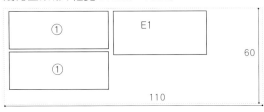

8 號帆布 (幅寬 110cm×75cm)

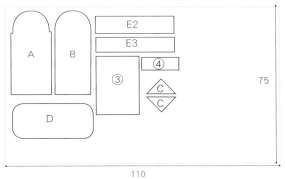

水玉棉布 (幅寬 110cm×90cm)

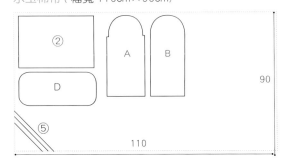

製作背帶

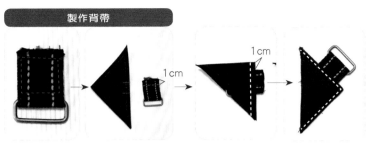

❶ 先將 8cm 織帶兩條分別對折套入口型環，車縫固定。將織帶連接布 C 正面相對對折夾車織帶，翻回正面壓線固定。

❷ 織帶連接布疏縫固定在表袋身袋蓋後片 A 表布兩側下方 3cm 處。

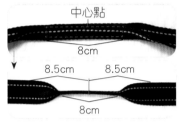

❸ 180cm 織帶對折找出中心點左右各 4cm 作記號。再對折沿邊緣 0.2cm 車縫一圈固定。再從中心點左右各 8.5cm 處作提把記號線。

❹ 標示表布 A 織帶的車縫位置，中間間隔 5cm。

❺ 23cm 織帶左右兩端內折 2cm，沿邊壓線 0.2cm 一圈固定縫份。

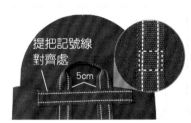

❻ 步驟 3 的織帶對齊記號線先車縫固定。再蓋上步驟 5 的織帶車縫上下二邊，頭尾處加強回針車縫固定。

❼ 將織帶依圖示穿過日型環及口型環後，再套回日型環，並於尾端織帶內折 1.5cm 車縫固定。

❽ 完成背帶製作。

製作袋蓋後片

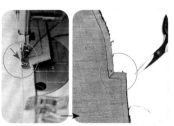

❾ 54cm 拉鍊先找出中心點，再將拉鍊正面對表布 A 圓弧處，先疏縫固定，拉鍊兩端只能疏縫到縫份邊緣。

❿ 組合表袋身 A 的表、裡布。兩片正面相對，圓弧處夾車拉鍊固定。

⓫ 車縫時從縫份點車起，起始點及尾端結束時記得翻開裡布，看拉鍊有沒有拉平順。車完後，表、裡布轉角處需剪牙口。

⑫ 翻面，用骨筆將圓弧處的縫份順好，再由兩邊拉鍊尾端裝上拉鍊頭對拉，將拉鍊拉至中心。

⑬ 將頭尾多餘的拉鍊塞入表裡布中，兩端表布和裡布縫份內折用水溶性膠帶固定。

⑭ 沿邊緣從正面壓線 0.2cm。

⑮ 疏縫表袋身 A 下方，由中心點距左右 1.5cm 及中心左右 3cm 處作記號，分別將兩端記號處往外打褶，疏縫固定。

⑯ 表袋身袋蓋前片 B 裡布與表袋身袋蓋後片 A 裡布，正面相對。裡布 B 上方與 A 另一邊拉鍊中心對齊，疏縫一圈固定。

製作袋身前片

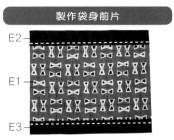

⑰ 配色布 E2、E3 分別與 E1 正面相對，車縫接合。縫份倒向配色布，再翻回正面壓線 0.2cm。

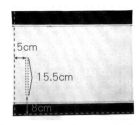

⑱ 翻到背面，依圖示在左右兩邊縫份內畫上 15.5cm×0.7cm 一字拉鍊記號框。

⑲ 先開左側一字拉鍊，將拉鍊口袋布①，置於前片表布下方，正面相對，靠左下布邊對齊，車縫拉鍊框，並依圖示剪Ｙ字開口。

⑳ 將口袋布從開口處翻出整燙。

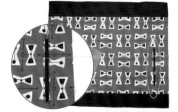

㉑ 翻回正面，取 23cm3 號碼裝拉鍊，拉鍊頭朝上放置，車縫固定拉鍊。

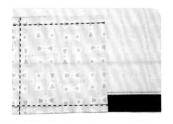

㉒ 翻至背面，將口袋布往左對折，並將口袋布三邊距邊緣 2cm 車縫固定。同作法完成另一邊一字拉鍊口袋。

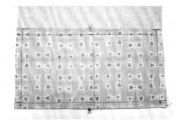

㉓ 背面將左右兩側口袋重疊，上下方先用強力夾固定。

㉔ 將口袋布上方抓起，車縫固定兩口袋（不要車到表布）。下方則疏縫固定在縫份上。

㉕ 接著與內袋前片②正面相對，對齊表布上方後，車縫一道固定。

㉖ 翻回正面，縫份倒向內袋前片，壓線 0.2cm。

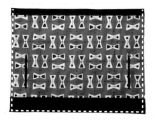

㉗ 將外袋前片背對背從中對折，疏縫三邊固定。

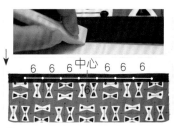

㉘ 前片上方折處用骨筆順好後，由正面壓線 0.2cm。並找出中心點，依圖示間隔 6cm 作雞眼釦位置記號，共 8 個。

㉙ 安裝雞眼釦。完成袋身前片。

組合袋身前片與袋蓋後片

㉚ 將袋身前片表布對著步驟 16 表袋身袋蓋後片表布，兩側疏縫固定。

製作口袋和筆插

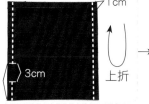

㉛ 內口袋布③正面短邊處畫 1cm 預留記號線。將布上折對齊 1cm 並車縫兩側，其中一側預留 3cm 不車。由上方返口翻回正面，並於袋口折處壓線 1cm。

> 好用工具介紹：實線點線器，可將縫份線刮出折痕，有利內折。

㉜ 表布 B 與內口袋正面相對，口袋袋口朝下，依圖示位置車縫固定口袋袋底。（注意車縫時將兩側縫份往內拉再車。）

㉝ 再將口袋往上翻，先壓左側和下方 0.2cm。右側 3cm 洞口對應處，往右每間隔 2cm 做記號線。

㉞ 口袋上方加強回針固定，口袋底壓三角形加強固定。

㉞ 將筆插布④二側，拷克或用縫紉機 Z 字縫車縫布邊。將縫份內折，兩側壓線 0.5cm，並對折找出中心點作記號，兩邊縫份也畫出來。

對齊記號線

❸❺ 筆插布正面朝下放置,左邊對齊記號線,車縫 0.5cm 固定。

❸❻ 再往左翻到正面,正面壓線 0.2cm 固定。

❸❼ 筆插布中心記號線對齊底下記號線,車縫固定。

❸❽ 最後將筆插布插入口袋預留之 3cm 洞口,縫份記號線對齊口袋邊。口袋右側壓線 0.2cm。口袋底車三角形加強固定。

組合袋身

B(正)

袋身(裡)

❸❾ 完成之表布 B 與步驟 30 袋身組合,表布 B 正面對著袋身前片裡布。

返口

❹⓪ 車縫 U 型一圈,袋底當返口。

❹❶ 從下方返口處,將袋身前片一起抓住,翻回正面。

❹❷ 再將縫份處及拉鍊圓弧處用骨筆順好。

❹❸ 掀開袋身前片,將底下返口處疏縫固定。

❹❹ 袋底 D 裡布,與表布 D,背面相對,疏縫一圈。

❹❺ 找出袋底與袋身四個中心點對齊後,車縫一圈固定。

46 利用包邊條⑤，完成袋底包邊。

47 翻回正面拉開拉鍊，於袋蓋內側磁釦位置及袋身壓上撞釘磁釦。

48 將束繩由前方中心依圖示穿入，再穿過後方織帶中，再繞回前方。

49 套入束繩束套，並於束繩兩端各打一個結。

50 完成。

側邊拉鍊小口袋，
讓後背包更方便使用。

前進幸福
馬鞍後背包

造型獨特是最佳亮點，
不對稱袋蓋，
及正面交叉線型設計，
最能吸引眾人的目光！

 完成尺寸：長 29×寬 9×高 34cm

◖裁布表◗

（紙型縫份外加 0.7cm，數字部份皆已含縫份 0.7cm。）

部位名稱	尺寸（cm）	數量	燙襯
表袋身			
表袋前後片	紙型 A	?	厚布襯含縫
表袋側身	紙型 B	2	
袋底	紙型 C	1	
袋蓋	紙型 D	表 1（紙型正）	
		裡 1（紙型反）	牛筋襯含縫
前口袋	紙型 E	2	厚布襯不含縫
後口袋	紙型 F	1	
拉鍊口袋布	①↔12cm×↕32cm	1	薄布襯含縫
背帶扣環布	②↔5cm×↕8cm	2	厚布襯含縫
背帶裝飾布	③↔4cm×↕90cm	2	不燙襯
側包邊條	④↔9.5cm×↕4cm	2	
前包邊條	⑤↔26.5cm×↕4cm	1	
袋口滾邊條	⑥ 4cm×210cm（斜布紋）	1	
束繩布	⑦↔115cm×↕4cm（布幅寬）	1	
裡袋身			
裡袋身	紙型 G	1	先燙牛筋襯不含縫，再燙厚布襯含縫。牛津襯依紙型 G 再修剪約 0.1cm。
裡側身	紙型 B	2	厚布襯含縫
裡袋拉鍊口袋布	紙型 H	1	薄布襯含縫
拉鍊擋布	⑧↔3cm×↕4cm	4	2 片燙薄布襯
拉鍊裝飾布	⑨↔27.5cm×↕4cm	1	不燙襯（可用緞帶或蕾絲替代）

◖其他材料◗

★ 植鞣牛皮（厚 1.5cm）：1cm×15.5cm 一條
★ 蕾絲：12cm×1、27cm×1 ★ 2.5cm 口型環 ×2
★ 2.5cm 寬織帶：90cm×2、25cm×1
★ 5 號尼龍碼裝拉鍊：16cm×1、23cm×1、拉鍊頭 ×2

★ 10mm 蘑菇釦 ×4 組、8mm 鉚釘 ×2 組
★ 17mm 雞眼釦 ×8 組
★ 1mm 棉繩 130cm
★ 雙面真皮固定式古銅插鎖（4.8cm×7cm）一組

◖裁布示意圖◗ （單位：cm）

格子棉麻布（幅寬 115cm×45cm）

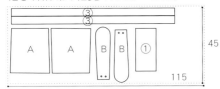

花卉薄棉裡布（幅寬 110cm×80cm）

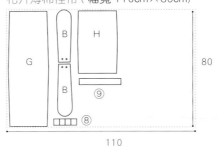

素麻布（幅寬 115cm×65cm）

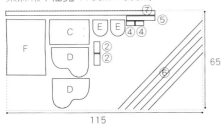

製作表袋身

❶ 表袋前片 A 依紙型標示位置用強力膠將皮革條貼上。在裝飾皮片兩側，每間隔 1cm 標示出縫線位置。

4入 3出
2入 1出

入 出
入 出

❷ 棉繩用粗針從底端開始往上縫製，繞過上方再交叉回來底端。

製作口袋

❸ 前口袋 E 表布縫份下 0.5cm 處車縫蕾絲，再將袋口縫份往內折燙。

❹ 將口袋布表、裡布正面相對，車縫圓弧處固定，並修剪圓弧處縫份。

❺ 翻回正面整燙，袋口縫份處整好對齊壓線 0.2cm。

❻ 將口袋車縫固定於表袋身前片位置。

❼ 取拉鍊口袋布①於表袋前片上方依紙型標示位置開 12cm 一字拉鍊口袋。

❽ 後口袋布 F，中間下方 0.5cm 處車縫蕾絲。

❾ 再背對背對摺摺燙，並於上方袋口壓線 0.2cm。

❿ 後口袋對齊後表袋下方，三邊疏縫固定後，中間車口袋間隔線。

⓫ 表袋前、後片與袋底 C 二邊分別正面相對車縫固定，縫份往袋底倒。翻回正面壓線 0.2cm。

製作背帶

⓬ 製作背帶扣環，扣環布二側往中間燙摺，二側壓線。穿過口環，下方修剪 30 度斜角（一正一反）。

⓮ 將背帶扣環上下錯開 0.7cm 縫份，固定於表袋後片兩側下方。

⓮ 織帶 25cm，對折中間車縫 10cm，製成提把。背帶裝飾布二側往中心折燙，車縫固定於兩條 90cm 織帶上。再將提把與背帶一起固定於表袋後片上。

⓯ 背袋尾端依圖示穿入口環，尾端內折 1.5cm 車縫固定。

製作裡袋

⓰ 表袋蓋與袋身後片正面相對，上方車縫固定。縫份往袋身倒，正面壓 0.2cm。

⓱ 23cm 碼裝拉鍊裝上拉鍊頭，二端以拉鍊擋布夾車，翻面壓線。

⓲ 再用拉鍊口袋布 H 上下兩邊正面相對夾車拉鍊。由側邊翻回正面壓線。

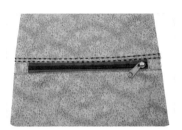

⓳ 將拉鍊口袋 H 固定於裡袋身標示位置處。拉鍊裝飾布兩邊往中心折燙，壓線車縫固定於拉鏈上方。（此處可用蕾絲或緞帶車縫裝飾。）

⓴ 再將口袋底壓線 0.2cm 固定，口袋二邊疏縫。

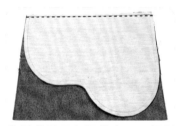

㉑ 裡袋蓋再與裡袋身正面相對車縫固定。

㉒ 縫份往袋身倒，正面壓線 0.2cm。

㉓ 側身表裡布，背對背疏縫固定，再於袋口處利用側包邊條④車縫滾邊。

組合表、裡袋

㉔ 將表袋與裡袋背面相對疏縫固定，於前方袋口處利用前包邊條⑤車縫滾邊。

㉕ 袋底依標示位置安裝蘑菇釦。

㉖ 袋身與側身依標示位置安裝雞眼釦。

㉗ 袋身前片上安裝插釦下釦。

㉘ 將主袋身與側身縫份 0.5cm 先車縫固定。

㉙ 滾邊條⑥利用滾邊器燙好，前端先往後內折 2cm 再開始車縫，車縫到尾端一樣後折 2 cm 再車縫，將縫份包邊。

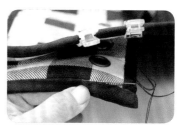

㉚ 再將另一邊縫份內折，藏針縫固定包邊。

㉛ 袋蓋處安裝插釦上釦。

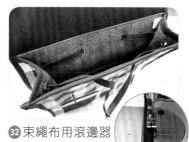

㉜ 束繩布用滾邊器折燙後對折，兩端壓線車縫固定。再穿入袋口。

㉝ 束繩尾端用固定釦裝飾固定。

㉞ 袋蓋處用熨斗熨出袋蓋弧度。完成。

繽紛熱氣球
水桶後背包

繽紛的色彩，時尚又俏麗。
多功能背帶，立體水桶包，
今天出門的最佳夥伴，
就是你了⋯

裡布是亮麗的藍底白點，
還有精緻雙層貼式口袋喔！

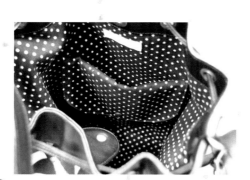

Bag 完成尺寸：長 28 × 寬 14 × 高 30cm

◤裁布表◢　（紙型縫份外加 0.7cm，數字部份皆已含縫份 0.7cm。）

部位名稱	尺寸（cm）	數量	燙襯
表袋身			
表袋身前片、後片	紙型 A1	2	厚布襯不含縫
袋身貼邊	紙型 A2	4	
側身裝飾布	紙型 B	2	
袋底	紙型 C	1	
裡袋身			
內袋身	紙型 D	1	厚布襯含縫
拉鍊口袋布	①↔22cm×↕50cm	1	薄布襯含縫
帶蓋口袋	紙型 F	2	薄布襯含縫
磁釦絆片	紙型 E	2	厚布襯不含縫

◤其它材料◢

★袋物專用底板：紙型 C 沿邊緣修剪 0.1cm ×1 片。
★2.5cm 皮革包邊條 85cm×1 條。
★3mm 棉繩 85cm×1 條。
★19mm 寬皮條：8cm×2，190cm×1。
★2cm 日型針釦 ×2。
★22mm 圈環 ×4。

★9mm-12 蘑菇釦 ×2。
★8mm-10 鉚釘 ×6。
★合成皮下片 ×2。
★5 號尼龍碼裝拉鍊：22cm×1、拉鍊頭 ×1。
★14mm 撞釘磁釦一組、18mm 撞釘磁釦一組。
★水桶包束繩 100cm1 條。
★（3X2.5cm）水桶包束套 1 個。

◤裁布示意圖◢（單位：cm）

熱氣球厚棉布（幅寬 110cm×30cm）

水玉薄棉裡布（幅寬 110cm×70cm）

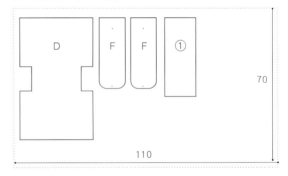

合成皮（幅寬 110cm×30cm）

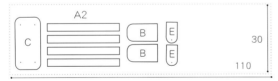

製作表袋身

❶ 表布 A1 與貼邊 A2 正面相對，上方車縫固定。

❷ 縫份往 A2 倒，正面壓線 0.2cm，共完成表袋前後兩片。

❸ 2 條 8cm 的皮條，內折 3cm 套入圈環，並用蘑菇釦固定於側身裝飾布 B 下方中心位置。一共兩片。

④ 表袋身前、後片，正面相對，對齊車縫一側邊固定。

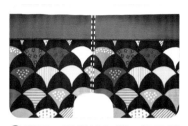

⑤ 翻回正面縫份打開，於兩側壓線 0.2cm。以同作法完成二側邊接合，完成袋身 A。

⑥ 袋身 A 再與側身裝飾布 B，正面相對，車縫組合。

⑦ 表袋身 A 圓弧處剪牙口（只剪 A），翻回正面，縫份倒向 A，沿邊壓固定線。同作法，一共完成二側邊組合壓線。

⑧ 袋底表布 C，於腳釘位置先打孔預備。再於正面車縫出芽一圈。（參考包繩法）。

⑨ 組合袋身 A 與袋底 C，正面相對車縫一圈固定。

⑩ 翻回正面，完成表袋身。

製作裡袋身

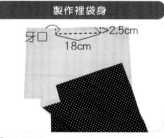

⑪ 內袋身 D 上方依圖示畫記號線，拉鍊口袋布①置於後方，正面對正面沿記號線車縫固定，兩邊轉角處剪牙口。

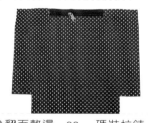

⑫ 翻面整燙，22cm 碼裝拉鍊，置中對齊將拉鍊車縫固定。

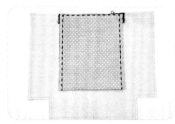

⑬ 背面再將口袋布往上折，先車縫口袋布兩邊 1.5cm 固定，再疏縫上方。

製作貼式帶蓋口袋

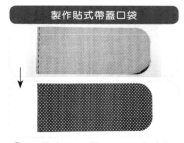

⑭ 口袋布 F 兩片，正面相對，車縫平口處。翻面整燙，壓線 0.2cm。

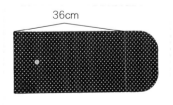

⑮ 取紙型標示位置安裝 14mm 磁釦母釦，再於 36cm 處做記號線。

16 將平口處依圖示內折，對齊 36cm 記號線。

返口

17 依圖示車縫固定，於袋蓋處留 5cm 返口不車。

18 從返口翻回正面整燙，袋蓋圓弧處邊緣壓線 0.2cm。再安裝另一側磁釦公釦。

25cm

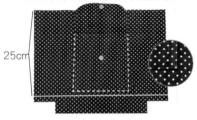

19 內袋身 D 另一面中心下 25cm 處做記號線，帶蓋口袋置中對齊記號線，車縫三邊固定口袋。口袋兩端底角車縫三角形加強固定。

20 磁釦絆片 E 兩片，正面相對車縫 U 型，圓弧處縫份修剪至 0.3cm，翻回正面壓線 0.2cm。

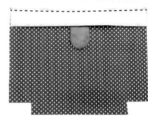

21 將磁釦絆片 E 置中放於內袋身 D 拉鍊口袋上方，與袋身貼邊 A2 一起車縫固定。

22 縫份往 A2 倒，壓線 0.2cm。再於磁釦絆片裝上 18mm 撞釘磁釦公釦。

23 另一邊內袋身 D 上方與袋身貼邊 A2，正面相對車縫固定。

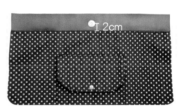

T 2cm

24 縫份倒向 A2，正面壓線。中心點接縫線上 2cm 處，裝上 18mm 撞釘磁釦母釦。

4　4　4　　10　　4　4　4 (cm)

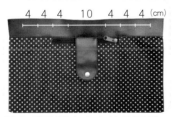

25 內袋貼邊由中心往外兩側，依圖示間隔距離先標示出雞眼釦位置。前後二邊共 16 個。

26 將內袋身正面相對對折，車縫兩側固定。縫份燙開，再車縫二側底角。

組合表、裡袋身

27 裡袋身套上表袋身，上方袋口車縫一圈固定，中心後方留 16cm 返口不車。

28 由返口翻回正面。於袋物專用底板腳釘安裝位置打孔,再從返口裝入底板,並裝上腳釘。

29 將袋口及返口整理平順,沿邊壓線,並於標示位置安裝雞眼釦,共16個。

30 皮革下片套上圈環,於袋身兩側中心用鉚釘固定。

製作背帶

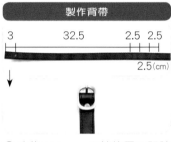

3   32.5   2.5 2.5

2.5(cm)

31 皮條190cm,兩端依圖示記號打上小圓孔。取一端安裝日型針釦,再用鉚釘固定。

32 依序將皮條套入袋底一側圈環,再套回針釦日環。

33 將皮條固定於針釦上。再依序套入袋口兩邊圈環內。

34 另一邊同樣依序套入另一個針釦及圈環。

35 皮條尾端用鉚釘固定。

36 穿入水桶包束繩,兩端套入束套。最後將末端打結即可。

37 完成。

喜愛3C產品的你，
絕對需要一個簡約風格後背包。
內容量大，外型亮麗簡單，
又有減壓背帶設計，
背再多也不怕！

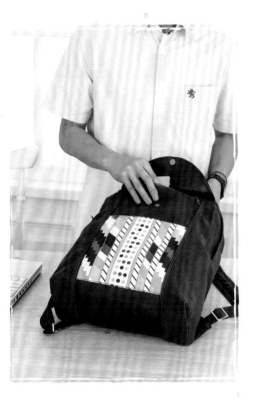

簡約風格 後背包

Bag 完成尺寸：長 32× 寬 12× 高 41cm

◀ 裁布表 ▶

（ 紙型縫份外加 0.7cm，數字部份已含縫份 0.7cm）

部位名稱	尺寸（cm）	數量	燙襯
	表袋身		
表袋身前片	紙型 A1	1	不燙襯
	紙型 A2	1	
	紙型 A3	1	
	紙型 A4	正 1 反 1	厚布襯 3X3cm 2 片
表袋身後片	紙型 F	1	不燙襯
配色口袋前片	紙型 B1	1	厚布襯 不含縫
	紙型 B2	1	
拉鍊擋布	①↔2.6cm×↕3cm	2	不燙襯
拉鍊口袋布	②↔21.5cm×↕30cm	1	
拉鍊擋布	③↔2.6cm×↕3cm	表 2 裡 2	
裝飾邊條	④↔52cm×↕2.5cm	2	

部位名稱	尺寸（cm）	數量	燙襯
袋底裝飾布	⑤↔21.5cm×↕10.5cm	1	不燙襯
袋蓋	紙型 C	表 1	厚布襯 不含縫
		裡 1	
織帶銜接布	紙型 D	2	不燙襯
	裡袋身		
裡袋身前片	紙型 E	1	
裡袋身後片	紙型 F	1	
裡口袋布	⑥↔34cm×↕60cm	1	
拉鍊口布前片	⑦↔63.5cm×↕5.5cm	表 1 裡 1	不燙襯
拉鍊口布後片	⑧↔63.5cm×↕11cm	表 1	
	⑨↔63.5cm×↕7cm	裡 1	
背帶布	⑩↔8.5cm×↕55cm	2	
	⑪↔5.5cm×↕55cm	2	

◀ 其它材料 ▶

★ 2.5cm：口型環 ×2、日型環 ×2。

★ 2.5cm 織帶：25cm×1、5cm×2、18cm×1、40cm×2。

★ 3V 塑鋼碼裝拉鍊：17cm×1、20cm×1、拉鍊頭 ×2。

★ 5V 塑鋼碼裝拉鍊：64cm×1、拉鍊頭 ×2。

★ EVA 軟墊 30cm×28.5cm×1 片、厚棉芯 5cm×54cm×2 片。

★ 14mm 撞釘磁釦一組。

◀ 裁布示意圖 ▶ （單位：cm）

8 號防潑水帆布（咖）（幅寬 110cm×72cm）

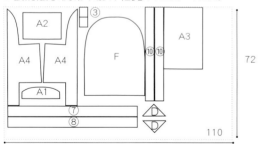

圖案厚棉布（幅寬 110cm×55cm）

皮革布（幅寬 110cm×30cm）

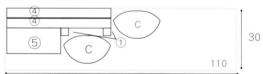

尼龍布（幅寬 130cm×70cm）

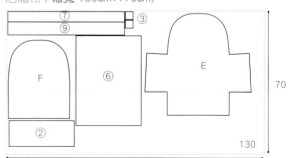

製作口袋

① 取 3V 碼裝拉鍊 17cm，兩端拔齒為 15cm，兩端車上拉鍊擋布①。(參考時尚典雅二用包步驟 1 ～ 2) 再與 B1、B2 平面處正對正夾車拉鍊。

② 縫份往 B1 倒，於 B1 壓線 0.2cm。

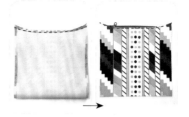

③ B1 往上折，正面相對車縫圓弧處，再翻回正面，圓弧處壓線。

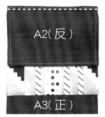

④ 口袋拉鍊另一側先疏縫在表布 A3 上方，再與表布 A2 夾車拉鍊。

⑤ 表布 A2 翻正面，口袋往上掀縫份倒向 A3，壓線 0.2cm。

⑥ 再將口袋放下，下方壓線固定口袋並將口袋二側疏縫。

⑦ 3V 碼裝拉鍊 20cm，兩端拔齒為 17.5cm，再與拉鍊擋布③表裡夾車拉鍊，翻正壓線。

⑧ 拉鍊口袋布②與袋身前片 A2 正對正夾車拉鍊。再翻回 A2 正面，壓線 0.2cm。

⑨ 將後方拉鍊口袋布②往上折，再與 A1 正面對正面夾車拉鍊另一邊。

⑩ 翻回正面，縫份往 A1 倒，壓線 0.2cm。先於圖示位置安裝磁釦母釦，再將兩側口袋縫份車縫 0.5cm 固定，完成表袋中心前片。

製作表袋身

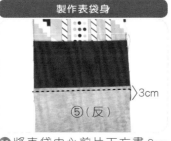

⑪ 將表袋中心前片下方畫 3cm 記號線，再與袋底裝飾布⑤對齊記號線，車縫固定。

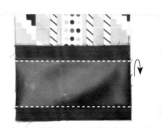

⑫ 往上翻回正面壓線固定，並將另一側縫份內折壓線 0.2cm。

⑬ 裝飾邊條④對折後，分別疏縫固定於表袋中心前片兩側。

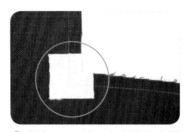

⑭ 表布 A4 二片，上方轉角處燙厚布襯 3×3cm，轉角處修剪掉多餘的布襯，再將縫份線畫出來。

⑮ 先將 A4 二片分別與表袋中心前片二側正面相對車縫固定。縫份倒向 A4，由正面再壓線 0.2cm 固定。

⑯ 先車合袋蓋 C 的表、裡布下方圓弧處，修剪縫份至 0.3cm，再翻回正面壓線。再將袋蓋疏縫於表袋前片上方，裝上磁釦公釦。

⑰ 5V 塑鋼拉鍊 64cm 拔齒為 62cm，與拉鍊口布前片⑦表、裡布；及後片⑧、⑨表裡布，分別夾車拉鍊二側邊。再將表、裡布邊緣對齊，於裡布正面壓線。

⑱ 表袋身前片與裡袋身前片，袋口正面相對夾車拉鍊口布前片，兩端車到縫份點，並將表布、裡布的兩端轉角處剪牙口。

⑲ 翻回正面，圓弧處用骨筆刮順。

⑳ 將袋身下方表裡布分別往上翻，兩側表裡布正面相對夾車拉鍊口布，轉角處車到縫份點。

㉑ 翻回正面，接合處用骨筆刮順。

製作背帶

㉒ 分別車縫表袋身前片和裡袋身前片的底角。只能車到縫份點。

㉓ 翻回正面，將表袋裡袋前片疏縫固定。

㉔ 背帶布⑩與背帶裝飾布⑪兩邊往中心折燙。另取織帶 5cm，套入口型環後疏縫於⑩正面中心，再與背帶布⑪正面相對夾車織帶。翻至背面，中心置入厚棉芯。

㉕ 將二側及縫份內摺，沿邊壓線固定，再將⑪蓋上置中對齊，沿邊壓線 0.2cm 固定，共製作二條背帶，最後將背帶修整為 53cm 長。

㉖ 25cm 織帶 2 端持出 1.5cm，依圖示位置車縫固定於表袋後片 F 上。再將二條背帶分別與 F 正面相對車縫固定。

㉗ 再將 18cm 織帶兩端內折1.5cm 後，蓋到背帶上，並壓線0.2cm 車縫一圈固定。

㉘ 銜接布 D 正面相對對折，依圖示夾車 40cm 織帶，再翻回正面壓線固定，共二條。

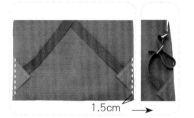

㉙ 完成的銜接帶分別固定於表袋後片 F 下方 2 側。織帶依序套入日環、口環、日環後，尾端內折1.5cm 車縫固定織帶。

組合表裡袋身

㉚ 表袋後片 F 與表袋身前片，正面相對車縫 U 型。

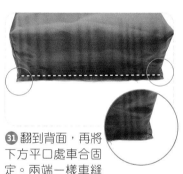

㉛ 翻到背面，再將下方平口處車合固定。兩端一樣車縫到縫份點。

㉜ 裡口袋布⑥背對背對摺，兩側 1.5cm 處車縫固定。由下方塞入 EVA 軟墊後，上方 2 cm 處壓線固定。

㉝ 裡口袋兩側疏縫於裡袋後片 F上，下方縫份則車縫 0.7cm 固定。

㉞ 步驟 31 袋身兩側內凹與裡袋身後片 F 正面相對，車縫固定，下方直線處為返口不車。

㉟ 從下方返口將袋身翻回內袋正面。返口兩側約 5cm 處，正對正固定後，拉出車縫到縫份點約4cm。

㊱ 將兩邊底角整好，返口縫份內折縫合，包包翻回正面，完成。

◀◀◀ 減壓帶製作法 ▶▶▶

1 將表布 1 二側各摺入 4cm 後，車縫起來。

2 表布 1 置中放於表布 2 上，疏縫固定。

3 將舖棉置中車於背布。

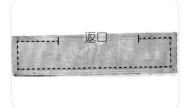

4 表布與背布正面相對，留 15cm 返口，其餘車合。

5 修剪縫分。

6 翻正、壓線完成。

◀◀◀ 減壓後背帶製作法 ▶▶▶

1 除縫份，表布燙上厚襯及舖棉（只有縫於包身那端需要燙舖棉，其餘不用，若為防水布，則擺於指定位置上，待車縫）。車壓二道固定線。

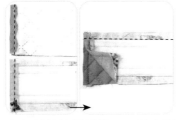

2 無舖棉的縫份摺入，並車縫固定。壓棉布則隨選一邊摺入縫份即可。表布與壓棉布（背布）正面相對，上緣車縫固定。

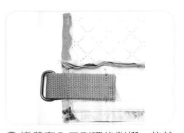

3 織帶套入口型環後對摺，放於舖棉上，再車縫固定。

4 將另側縫份摺入，將四邊車縫固定。共完成二條。

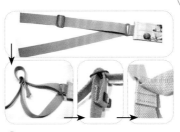

4 背帶套入日型環後，穿入口型環。一側回頭再穿過日型環後，車縫固定。

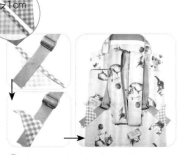

5 背帶固定布，對角線裁開，最長那邊摺入 1cm 縫份。放入背帶尾端，對摺，車合起來。將背帶頭、尾，車於包包指定位置。完成。

◀◀◀ 機縫滾邊法 ▶▶▶

❶ 開頭如圖摺起 1cm 縫份。先車合一邊,縫份為 1cm。

❷ 剩餘滾邊條,摺二摺翻至另一邊,摺後的縫份會比 1CM 大(約為 1.5cm 左右,視布的寬度、厚度而定),用珠針確實固定好。

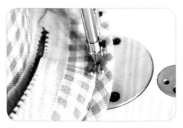

❸ 翻回另一邊,沿著布與布的縫隙車縫固定。請注意:要儘量靠近滾邊布車縫,且不要車到滾邊布。車好後,您會看到另一邊的滾邊布上,會有剛才車壓的固定線。

◀◀◀ 皮革包繩法 ▶▶▶

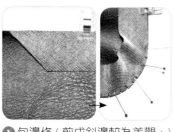

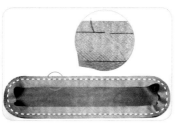

❶ 包邊條(剪成斜邊較為美觀,)與皮片正面相對,用強力夾夾好一圈。轉角處剪芽口,芽口間隔約 0.7cm、深度約 0.6cm。

❷ 車縫一圈。包邊條頭尾要重疊,不可留空隙。

❸ 單邊壓腳的腳底,貼上紙膠帶(隱形膠帶亦可,利用身邊有的),做成皮革可使用的壓布腳。

TIPS

❶ 皮片不厚的話也可用珠針固定,車縫時會較為方便。

❷ 縫份:1cm。0.3cm 塑膠繩可配合 3cm 包邊條使用。0.5cm 塑膠繩可配合 4cm 包邊條使用。

❹ 包邊條將塑膠繩子包入,用強力夾夾好一圈。

❺ 單邊壓腳緊靠塑膠繩,並利用錐子在一旁幫忙疏縫。疏縫一圈完成。

製·作·前·的·秘·笈

◀◀◀ 有蓋拉鍊口袋作法 ▶▶▶

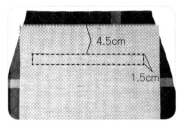

① 拉鍊布與袋身布正面相對,如圖距,車縫一圈拉鍊框。拉鍊框的長度算法:拉鍊長度 + 0.5cm。

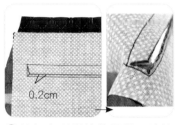

② 依框中所畫線條剪開,請注意勿剪到縫線。

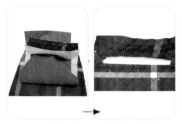

③ 將拉鍊布塞入框中,先將框框的下、左、右3邊整燙好。

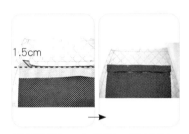

④ 翻至背面,如圖畫一摺線記號,依記號線往上摺,用珠針固定。

⑤ 距上緣 0.1cm、置中放上拉鍊,用珠針固定。翻回正面,如圖車縫固定。車縫下方框線時,可將蓋布稍微拉開。

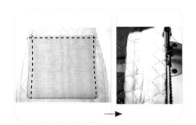

⑥ 將拉鍊布往上對摺,避開袋身布,將其餘3邊車縫起來。袋身布在上、拉鍊布在下,比較好車。

◀◀◀ 有蓋口袋作法 ▶▶▶   ◀◀◀ 一字拉鍊口袋作法 ▶▶▶

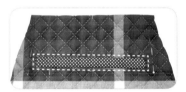

註 步驟5改成不加拉鍊,直接車好拉鍊框,再接續步驟6車縫,即可完成無拉鍊的有蓋口袋!

註 同理,可參考 p.87 休閒運動隨身旅行包步驟 7 ～ 11 以及 p.134 幾何多漾後背包步驟 18 ～ 22,即可完成一字拉鍊口袋。

◀◀◀ 拉鍊口布製作法 ▶▶▶

① 尾端縫份皆摺入、夾好。

② 拉鍊頭端摺入、與表口布正面相對,上緣相距 0.5cm,疏縫起來。請注意:擺放時,拉鍊齒不要放到縫份內,以免車到。

③ 表裡口布正面相對,夾車拉鍊。

製·作·前·的·秘·笈

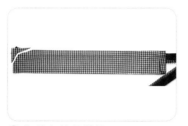

④ 修剪直角處縫份。

⑤ 翻正、壓線。

⑥ 以相同做法完成另側拉鍊口布。

紙·型·索·引

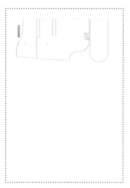

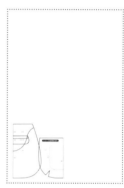

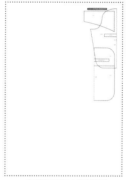
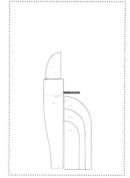
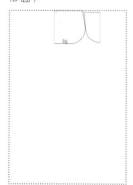

P.76 小桃氣三用包
（A面）

P.81 可收納束口後背包
（B面）

P.85 休閒運動隨身旅行包
（B面）

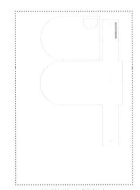

P.90 悠遊散步隨行包
（D面）

P.96 輕旅率性後背包
（D面）

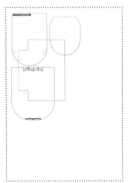

P.103 小巧玲瓏隨身後背包
（C面）

P.107 時尚典雅二用包
（D面）

P.112 擁抱夏天海洋風後背包
（C面）

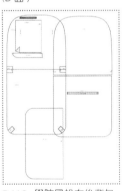

P.118 學院風帆布後背包
（D面）

P.124 卡哇伊貓頭鷹圓弧
口金後背包（C面）

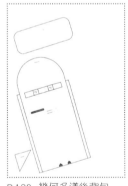

P.130 幾何多漾後背包
（A面）

P.138 前進幸福馬鞍後背包
（C面）

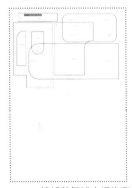

P.144 繽紛熱氣球水桶後背包
（B面）

P.150 簡約風格後背包
（D面）